生活機器・空間における
UX向上のための

デザイン人間工学

DESIGN
ERGONOMICS

土井 俊央
Toshihisa Doi

現代図書

まえがき

　製品、アプリケーション、サービスなどさまざまなデザインにおいてユーザエクスペリエンス（UX）を考える重要性はすでに広く認識されるようになりました。こうしたデザインの現場ではユーザーやその利用文脈を理解し、ユーザーにとってうれしいモノ・コトを生み出すためのさまざまな取り組みが行われています。では、UX が注目を浴びる昨今において人間工学はどのような役割を持った学問なのでしょうか。人間工学というと堅苦しく感じる人もいるかもしれませんが、人間工学は人間中心デザインの根幹を成す分野の１つです。人間工学は、モノやコトと"人"の調和を考える学際的な分野であり、人間中心デザインのための知識やスキルを含み、人の体験・経験に焦点を当てる UX デザインで活用可能な考えも多くあります。人が関わるモノ・コトをデザインすることと人間工学は切っても切れない関係があり、人間工学の知識やモノの見方はモノ・コトのデザインのための基礎的教養となるでしょう。本書では、モノ・コトのデザインに人間工学の観点を活用する、デザイン人間工学の基本について紹介します。

　本書は著者が担当する講義の教科書として作成したものであり、デザインや人間工学を学ぶ学生が中心的な読者になりますが、人間工学の観点を知りたい、復習したいデザイナーや開発者、人間中心デザインや UX といったことを学びたい初学者にとっても役立つと考えます。人間中心デザインや UX といった考えが広まる中で、専門家でなくても業務の中でこうした言葉を聞いたり、自身の業務に結び付けることを求められたりする人も増えているでしょう。そうした人たちが、人間工学をデザインに活用するための観点・基礎知識・アプローチなどを学ぶための教科書として本書を利用いただければ嬉しく思います。

　なお、本書の作成にあたっては、私の妻であり人間中心デザインの実務家である土井彩容子さんにもいろいろとアドバイスをもらいました。また本書において利用している一部のイラスト作成については大阪公立大学生活科学部の北畑結羽さんにお願いしました。ご協力いただいた方々に御礼申し上げます。

土井俊央

目　次

まえがき..iii

1. 人間工学とデザイン..1
　1.1. 人間工学とは..1
　1.2. デザインとは..4
　1.3. 人間工学とデザインの関係..7
　参考文献...8

2. 人間中心デザインという考え方...9
　2.1. 人間中心デザインとは...9
　2.2. 人間中心デザインが目指すもの...10
　2.3. 人間中心デザインにおける品質...13
　2.4. 人間中心デザインのポイント..14
　参考文献...18

3. 人とモノ・コトの関係を捉える側面と人の特性..........................19
　3.1. 人とモノ・コトの関係を捉える枠組み..................................19
　3.2. 身体・形態・生理に関する特性...21
　3.3. 情報処理に関する特性...28
　3.4. 時間に関する特性..47
　3.5. 環境に関する特性..52
　3.6. 組織・社会的な側面に関する特性.......................................59
　引用...65
　参考文献...66

4. ユーザーを捉える観点...69
　4.1. ユーザーを理解する重要性...69
　4.2. ユーザーとは...69
　4.3. 利用状況（Context of Use）...71
　4.4. ユーザーの多様性を捉えるさまざまな側面............................72
　参考文献...78

5. 使いやすい UI のデザイン 79
- 5.1. ユーザインタフェース（UI）とは 79
- 5.2. ユーザビリティとは 81
- 5.3. 情報入手しやすさのためのデザイン原則 82
- 5.4. 理解・判断しやすさのためのデザイン原則 86
- 5.5. 反応・操作しやすさのためのデザイン原則 91
- 引用 95
- 参考文献 95

6. 安全のためのデザイン 97
- 6.1. 事故はなぜ起こるか 97
- 6.2. 事故につながるヒューマンエラー 102
- 6.3. 安全のためのアプローチ 108
- 参考文献 114

7. ユニバーサルデザイン 117
- 7.1. ユニバーサルデザイン（UD）とは 117
- 7.2. UD に関わるさまざまな心身機能の制限 123
- 7.3. UD の実践におけるデザイン原則 126
- 引用 134
- 参考文献 134

8. ユーザエクスペリエンス（UX） 135
- 8.1. なぜ UX が重要なのか：モノから体験・経験への転換 135
- 8.2. UX とは何か：定義と特徴 140
- 8.3. デザインにおいて UX をどう考えるか 147
- 引用 154
- 参考文献 155

9. 人間中心デザインのプロセス 157
- 9.1. いろいろなデザインプロセスのモデル 157
- 9.2. デザインプロセスをモデル化する意義 161
- 9.3. 人間中心デザインプロセスの特徴 162
- 9.4. 人間中心デザインプロセスにおける具体的活動 164
- 参考文献 173

目 次　vii

10. 人間中心デザインのための手法 175
10.1. ユーザー理解・要求事項抽出のための手法 175
10.2. 分析・モデル化のための手法 189
10.3. アイディエーションのための手法 200
10.4. プロトタイピングのための手法 203
10.5. デザイン評価のための手法 205
参考文献 219

11. 人間特性に関するデータの計測・利用 223
11.1. データの取得方法とその留意点 223
11.2. 人間特性に関するデータの活用 230
11.3. 生理測定 231
11.4. 心理測定 239
11.5. 動作・行動測定 245
引用 249
参考文献 250

参考図書 251
あとがき 253
索引 255

1. 人間工学とデザイン

1.1. 人間工学とは

　人間工学というのはメジャーな学問分野ではないが、その言葉自体は産業界では一般的に使われるようになってきたし、製品の価値を訴求させる要素として「人間工学に基づいた製品」などという表現もよく目にする。こういった製品には人間にとって優しくて負担が少ないというイメージを持つ場合が多いのではないかと思う。よくイメージされるものとしては、イス、住宅設備、マウスやキーボードなどにおいて人が負担なく使える寸法・形状・機能を検討することで、多くの場合は「モノ」を対象として、「身体」の負担を軽減するというものがあるだろう。これも人間工学の重要な目的であるが、実際にその対象となるのは「モノ」や「身体」だけに限らず幅広い。

　例えば、駅の券売機を例に考えてみると、操作面の最適な高さ・角度などと人の身体面の適合性だけでなく、操作画面の見やすさ・わかりやすさ（認知面の適合性）、設置される空間の照明や騒音（環境面の適合性）や駅員によるサポートなどといった運用体制（運用面の適合性）などさまざまな側面から人との適合性を考える必要がある。またオフィス空間を例にとると、イス、机や通路の寸法といった身体面以外に、案内表示などの見やすさ・わかりやすさ、空間の使い方のわかりやすさや心地よく思えるか（認知面）、作業内容に応じた照度や騒音レベルであるか（環境面）、空間の利用方法（運用面）の検討も含まれる。

　さらに、人間工学において実現を目指すものは負担の軽減に限らず、対象とするシステムの目的に応じてさまざまである。使いやすさ、安全性、疲れにくさ、健康、学習しやすさといった実用的な側面はもちろんのこと、利用する中での嬉しさや楽しさといった快楽的な側面が検討対象となる場合もある。

つまり人間工学とは、「モノ」「コト」「環境」などと関わる際の人間の生理・心理・形態・行動などのさまざまな特性を把握し、人間と「モノ」「コト」「環境」などとの調和をとる学問分野であるといえよう。この「調和をとる」とは、国際人間工学連合 (IEA; International Ergonomics Association) の定義 [1] に基づいて考えると、人間のウェルビーイングとシステム全体のパフォーマンスの最適化を図ることであり、作業・機器・設備・環境・組織・サービスなどの種々のシステムのデザインに成果を落とし込むことである。ここでいうウェルビーイングとは人間の幸福につながるものであり、安心・安全、健康、満足、快適などの実現に該当する。一方、パフォーマンスとは一般に成績や性能などと訳されるものであるが、人間工学で取り扱うものとしては生産性や効率の向上、エラー低減、信頼性などがある。例えば、キーボードで考えると、キー入力の快適さや負担の少なさと文字入力の素早さや間違いの起こりにくさを両立することが人間工学の目的となる。また、工場の作業などを対象に考えると、作業員の安全・健康や働きがいと作業効率や生産性の両立を目指すことになる。

もともと人間工学には、ヨーロッパを中心に発展してきたエルゴノミクス（Ergonomics）と、アメリカを中心に発展してきたヒューマンファクターズ（Human factors）の 2 つの潮流があると言われている。エルゴノミクスは、ギリシャ語の ergon（仕事や労働）と noms（自然の法則）を足し合わせた語であり、労働の科学を起源とする研究の流れの中で発展してきたものである。特に、労働者の作業の適正化、身体的負担や疲労の軽減、安全性・生産性の向上などに焦点が当てられていた。一方、ヒューマンファクターズは、空軍パイロットの事故軽減のために実験心理学的なアプローチを用いてコックピットの設計が行われたのが 1 つの起源とされており、もともとは Engineering Psychology や Human Engineering などと呼ばれていた。特に人間と機械のインタフェース（接面）に焦点を当て、人間の認知特性を考慮してヒューマンエラーの防止や

---

1) IEA では以下の様に定義されている [1]。

Ergonomics / human factors (HFE) is the scientific discipline concerned with the understanding of interactions among humans and other elements of a system, and the profession that applies theory, principles, data, and methods to design in order to optimize human well-being and overall system performance.

人間工学とは、システムにおける人間とほかの要素との相互作用を理解するための科学分野である。人間工学の専門家はウェルビーイングとシステム全体のパフォーマンスとの最適化を図るために、理論、原則、データ、および手法を設計に適用する。

わかりやすさ・使いやすさの向上を中心に考えられてきた。いずれも起源こそ違うが、人間とほかの要素の適合性を考える学問分野であった。現在では、エルゴノミクスもヒューマンファクターズも違いはなく同じ意味で使われており、多くの人間工学関連の学術団体ではこれらを合わせて Human Factors and Ergonomics（HFE）という表記が用いられている。

このように人間工学は、もともとはさまざまな異なる研究領域・適用対象から始まった学問分野であるが、今日では人間工学の対象となる領域は拡大を続けており多岐にわたる。人間工学の主な領域は、身体系、認知系、組織系の3つにわかれている [2]。身体系の人間工学は身体活動に関連する生理学・解剖学・運動学的特性に関連するものである。認知系の人間工学は人間とシステムの要素とのインタラクションにおける認知情報処理過程に関連するものである。組織系の人間工学は組織構造、組織のマネジメント、プロセスなどの最適化に関連するものである。また人間工学の適用対象は特定の分野に限定されたものではなく、「人間」が関わるすべての要素が対象となり得るので幅広く多岐にわたる。代表的なものを整理すると、(1) 道具・機器（例：家電製品、家具、乗り物、文具など）、(2) 空間（例：住宅、公共空間、オフィスなど）、(3) 情報（例：操作画面、ウェブサイト、サイン、しくみ、マニュアルなど）、(4) サービス（例：公共サービス、教育サービス、オムニチャネルなど）、(5) 組織・マネジメント（例：組織管理、働き方、組織文化など）、およびこれらが複合的に関わるシステムなどが挙げられる。これらについて、人間のさまざまな特性を多角的に考慮しつつ安全・安心・快適の実現を目指すのが人間工学である。

このように人間工学は、対象となる領域が非常に幅広く、多様な学問分野・領域との関連性が強い学際的な学問である。関連する分野が多岐にわたる中で、人間工学の特徴としては下記の3点があると言われている [3]。1つ目がシステムズアプローチをとり、人間が関わるシステム全体を包括的に考えるという点である。システムズアプローチとは、対象とする事物を1つのシステムとして捉え、その全体を系統的にみて分析・統合を図る考え方である [4]。人間工学では「人間」と「人工物（モノやコト）」の関係を1つのシステムとして捉え、人間のさまざまな側面（生理・心理・形態・行動など種々の特性や利用状況）と人工物のさまざまな側面（ハードウェア、ソフトウェア、環境、組織・社会

など）からシステム全体の最適化を図るものであり、特定の領域のみに特化するわけではない。2つ目はデザイン志向であるということである。人間工学の目的はモノやコトのデザインであり、そのための一連のプロセス（調査、計画立案、具体化、評価、保守、継続的改善など）のすべての段階に関わることができ、人の性質や機能の理解のみを目的とするわけではない。3つ目がウェルビーイングとパフォーマンスの両立を目指すということである。人と人工物を適合させるということは、ウェルビーイングとパフォーマンスのバランスをとったり相乗効果を図ったりすることである。

1.2. デザインとは

　デザインというと何を思い浮かべるだろうか。世間一般にはデザインというと見た目がかっこいいとか洗練されているとか、見た目を整えることという認識が多いのではないだろうか。これはもちろん誤りではないが、あくまでデザインの1つの側面に過ぎないとも言える。デザインの語源は designare というラテン語にあると言われており「計画を記号に表す」という意味があるうえに、英語の design という言葉も単に見た目を整えるというよりは包括的な意味がある。これにはさまざまな定義がなされているが、モノ・コトに意味を与えることや意味を作り出す活動のように捉えることができよう。例えば、Ralph と Wand によると design とは「与えられた環境で目的を達成するために、さまざまな制約下で、利用可能な要素を組み合わせて、要求を満足する対象物の仕様を生み出すこと」とされている [5]。

　これに対し、「設計」「デザイン」と日本語にすると design よりも限定的な意味で使われる場合が多い。「デザイン」は design のカタカナ表記であり、その日本語訳が「設計」のはずだが、従来から我が国では「デザイン」というと狭義（スタイリングなど）のデザインを指すことが多かった。しかし「設計」というと、形作られた対象を実現するための具体的な実現手段（構造など）を検討することを指す場合が多い。例えば、多くの日本企業において「設計者」と「デザイナー」では職務が異なることからも違う意味で捉えられていることがわかる。しかし昨今では、「デザイン」というと必ずしも狭義の解釈だけではなく、先に述べたような包括的な広義の解釈も増えてきている。例えば、昨今

の産業界で主眼が置かれているのは、ユーザーの利用体験や体験価値に焦点をあてたユーザエクスペリエンス（UX）や形のないサービスのデザインであるし、教育デザインや政策デザインなどのように、ある目的を達成するためのプロセスやビジョンを構想するような意味合いでもデザインという言葉は用いられている。こうして考えてみると狭義のデザインが造形であるとするなら、広義のデザインは問題発見・解決全般と捉えられるだろう。

そもそもデザインという言葉が今日のような意味で広く使われるようになったのは、18世紀半ばから19世紀にかけて起こった産業革命の時代に遡る [6]。特に、William Morris の思想に基づくアーツアンドクラフツ運動がデザインの源流として挙げられる。これは、産業革命によって安価で粗悪な日用品が大量生産される中で、中世の手作り生産に価値を見出し、美しく質の高い日用品をデザインし、芸術と生活を統合させようとする潮流である。その後、このアーツアンドクラフツ運動の影響は受けながらも機械による大量生産が肯定されるようになり、芸術と機械産業の融合によって工業製品の品質向上を目指す考えが生まれた。ここで工業製品においては、製品を考案するもの（デザイナー）と生産を実施するものとの分業化が行われた [6]。この時代のデザインは、Louis Sullivan の「形態は機能に従う」という格言に表されているように、合理主義・機能主義的な考えが中心であった。

大量生産・大量消費の時代になってくると、製品を差別化し、ビジネスのための付加価値を与えるものとしてデザインが盛んになってくる。「口紅から機関車まで」（Raymond Loewy）と言われるほど、多くの製品でその重要性に着目された。1980年代頃になると、これまでのデザインが技術・審美性・ビジネスといった作り手の観点が中心であったことに対し、製品を利用するユーザーとの関係を考える必要がある、という考え方が台頭してきた。Klaus Krippendorff の製品意味論や Donald Norman の「誰のためのデザイン？」など、昨今の人間中心デザインの基礎となる考え方が登場した。ユニバーサルデザインやユーザビリティの重要性が広まりだし、ユーザーが利用する際の品質や使い勝手といった、使いやすさの追求が重要になってきた。そして2000年頃になると単に「使える・使いやすい」だけでなく、モノ・コトとの関わりを通して喜びや充足感を得たり、ユーザー個人の価値観に寄り添って共感を生んだりするという体験に価値（体験価値）が見出されるようになった。つまり、価値や意味といった、

より本質的な価値の追求が重要になってきたのである（図1-1）[7]。このように時代とともにデザインに求められることは変化してきており、昨今では人へのより深い理解・共感をデザインに落とし込むことが求められてきていると言えよう。

また図1-2に示すように、デザインの対象も拡大・複雑化してきている。もともと有形のグラフィックやプロダクトを対象にしたものであったが、インタラクション（人とモノ・コトとのやり取り）、サービス、体験、しくみなど、無形のデザインへと拡大してきた。こうなると単に造形のよさだけでなく、デ

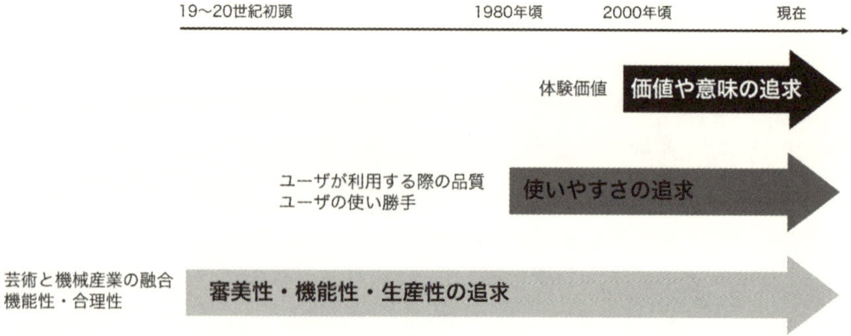

図1-1　モノづくりの潮流（[7]の図1-2を参考に改変）

図1-2　デザイン領域の拡大

ザイン対象を通してどんな体験を得られるか、どんな意味を見出せるかということが重要視されるようになってきた。またデザイン対象が拡大するにつれて、検討すべき事項も増えてきた。例えば、1つのサービスの中にはユーザーと接する製品やその操作部、アプリ、ウェブページや従業員の存在があり、またそれらを支えるバックエンドのしくみなどもある。また、ユーザーの本質的な価値を追求するにはより深い人への理解も重要である。これらをすべて1人のデザイナーが個人の感性に任せてデザインするのは難しく、関係者を巻き込んでチームでデザインすることや、そのための手法が必要になってきている。

改めてデザインについての考えをまとめると、従来は狭義のデザインであり、意匠・造形・装飾といったスタイリングを意味していたが、昨今では広義のデザインに変化してきているということである。本書では、この広義の解釈に基づいて、デザインとは「対象の本質を捉え、モノやコトの創造を通して人々の生活に価値を提供すること」であると考える。

1.3. 人間工学とデザインの関係

すでに述べたとおり、人間工学はデザインへの応用を念頭においた学問分野であり、人の特性を分析・評価するにしても、その目的はデザインにある。人間工学の有名な著書として Etienne Grandjean による『Fitting the Task to the Man』があるが、このタイトルにあるとおり、人がタスクに合わせるのではなく、タスクをデザインして人に適合させるということがその考えの根幹にある。

一方、デザインに関して考えると、時代の変化とともに人を中心に考えられるようになってきたことがわかる。例えば、グッドデザイン賞におけるデザインの定義は、「常にヒトを中心に考え、目的を見出し、その目的を達成する計画を行い実現化する」という一連のプロセスとされているし、「デザインは技術と人間を結ぶもの（栄久庵憲司）」[8] や「プロダクトデザインの本質は使用価値の追求にあるのであって、スタイリングにあるのではない（川添登）」[9]とも述べられている。

人間工学を実践するにはシステムを構成するさまざまな要素を統合してシステムデザインを考える必要があるし、デザイン活動の先には人や社会があり、ユーザーへの共感に基づく発想が重要になる。つまり、山岡 [10] が指摘するよ

うに、デザインと人間工学は表裏一体の関係にあり、別々に考えることはできない。例えば、イスの座り心地やペンの持ちやすさを考えるなら、それらの形状の検討は必要だし、家電製品の操作画面やウェブページのわかりやすさを検討するには、情報構造や画面レイアウトの検討が必須である。本書では、特に人間工学に基づいて生活機器や空間の人間中心デザインを実現するための基礎知識を解説することを目指し、デザインと人間工学を一体として考えた分野として山岡 [10] が提案した学問領域である「デザイン人間工学」を本書のタイトルに冠した。

参考文献

[1] 榎原毅、鳥居塚崇、小谷賢太郎、藤田祐志 (2021) 人間工学者が今実践すべき 3 つのこと―IEA の改訂コア・コンピテンシーから学ぶ―、人間工学、57(4)、155-164

[2] International Ergonomics & Human Factors Association. What Is Ergonomics(HFE)? https://iea.cc/about/what-is-ergonomics/

[3] Dul, J., Bruder, R., Buckle, P., Carayon, P., Falzon, P., Marras, W.S., Wilson, J.R., van der Doelen, B. (2012) A strategy for human factors/ergonomics: developing the discipline and profession, Ergonomics, 55(4), 377-395

[4] 片方善治 (1992) ビジネスに役立つ システムの原理・原則 (原理・原則シリーズ)、総合法令出版

[5] Ralph, P., Wand, Y. (2009) A proposal for a formal definition of the design concept. K. Lyytinen et al. (Eds.) Design requirements engineering: A ten-year perspective, Lecture Notes in Business Information Processing, 14, Springer, 103-136

[6] 阿部公正、神田昭夫、高見嘉郎、向井周太郎、森啓 (1995) 世界デザイン史、美術出版社

[7] 山岡俊樹 (2018) デザイン 3.0 の教科書 誰もがデザインする時代、海文堂出版

[8] 栄久庵憲司 (1972) デザイン - 技術と人間を結ぶもの、日本経済新聞社

[9] 川添登 (著・監)、鶴見俊輔・粟津潔・田中一光・竹山実・栄久庵憲司・松本洋 (1969) デザインの領域 (現代デザイン講座 4)、風土社

[10] 山岡俊樹 (編・著)、岡田明・田中兼一・森亮太・吉武良治 (2015) デザイン 人間工学の基本、武蔵野美術大学出版局

2. 人間中心デザインという考え方

2.1. 人間中心デザインとは

人間中心デザイン[2]とは、人間工学やその関連分野の知識や手法を活用して、より使いやすく、価値あるモノ・コトをデザインするアプローチのことである。人間中心デザインの具体的なプロセスや手法については後の章（9章、10章）で述べるが、本章では人間中心デザインという考え方の要諦を考えたい。1章1.2節で述べたように、デザインの意味合いや求められることが変化するにつれて、使いやすさや満足といった、ユーザーが感じる価値が重要になってきた。人間中心デザインは、こうした目的を実現するための考え方であり、ユーザーに提供したい体験や価値を明確にして、それを具体化することによって、ユーザーにとってよりよい価値や体験を生み出すことを目指す。

この時、重要になるのが、二次的理解[1]に基づいてデザインするということである（図2-1）。ここでユーザーの一次的理解とは、ユーザー自身が人工物とのやり取りを通して得る理解である。デザイナーはユーザーの一次的理解を直接知ることはできず、ユーザーがその人工物をどのように考えているかを自分なりに理解する必要がある。こうした他者の理解についての理解を二次的理解という。これは、デザイナーが人工物そのものをどう理解するかということとは異なる。つまり、デザイナーは自身の持つ二次的理解に基づいてデザインをする必要がある。自分の思い込みで作るのではなく、二次的理解に基づくことがユーザーにとってよりよい価値や体験を生み出すことにつながるのであ

---

2) 国際規格 ISO9241-210 および国内規格 JIS Z 8530 について言及される時は「人間中心設計」と記載されることが一般的であるが、本書では必ずしもこれらの規格に準拠して展開するわけではないこと、日本においては一般的に「設計」という表現よりも「デザイン」という表現の方が本書のテーマに近しいと考えたため、これらの規格について言及する時以外は「人間中心デザイン」と表記する。

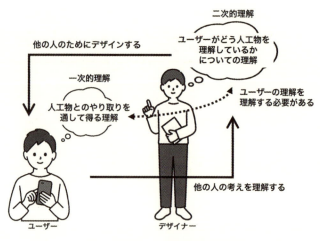

図 2-1　二次的理解

る。しかし当然ながらデザイナーはユーザーではないため、二次的理解を形成することは難しい。人間中心デザインの一連の活動においては、ユーザーとの会話やユーザーの観察の繰り返しから二次的理解を形成することが鍵となる。何より重要なことは、デザイナーや人間工学エンジニア自身はユーザーではないと自覚することであろう。

2.2. 人間中心デザインが目指すもの

　人間中心デザインで実現を目指すものは図 2-2 に示すように、単一のものではなく、多岐にわたる。また、多面的な人間の特性と、さまざまな生活機器・空間の適合を図るものであり、対象とする人の特性やモノ・コトは特定のものに限られるわけではなく、幅広く活用できる考え方である。Hancock らが示した Hedonomics [2] の考え方（図 2-3）は、Maslow の欲求階層説に対応したデザインにおける要求事項を示すものであるが、これは人間中心デザインが目指すものを理解するうえで非常にわかりやすい。このうちの特定の階層だけでなく、いずれもが人間中心デザインの範疇である。これらの各層に対応させて考えると、安全性の層ではエラー防止や安全マネジメント、機能性やユーザビリティの層ではユニバーサルデザイン（UD）やインクルーシブデザイン、ユーザビ

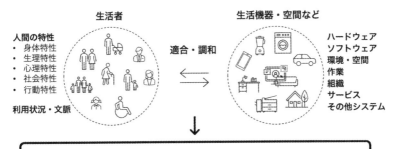

図 2-2　人間中心デザインで目指すもの

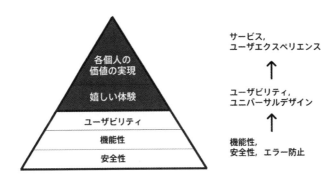

図 2-3　Hedonomics の考え方（ピラミッド構造は文献 [2] に基づく）

リティの検討、嬉しい体験や各個人の価値の実現の層ではサービスデザインやユーザエクスペリエンス（UX）デザインがあてはまると言えよう。いずれも人間の特性や利用文脈を理解し、それを活用してデザインすることが肝要である。

・安全性を高めるデザイン（6 章で詳述）
　意図しない結果を生じる人の行為をヒューマンエラーといい、これは安全性やシステムのパフォーマンスを下げる不適切な行動である。しかし、「To Err Is Human（人は誰でも間違える）」という言葉があるとおり、人間工学では人のミスをゼロにすることはできないと考える。そのため、ヒューマンエラーが起きにくいデザイン、またはヒューマンエラーが起きても重大な事故につながるリスクが低いデザインを目指す必要がある。

- ユニバーサルデザイン（7 章で詳述）

  ユニバーサルデザインというと、心身機能に制限があるユーザーや高齢ユーザーに特化したデザインというイメージがあるかもしれないが、必ずしもそうではない。心身機能や年齢もユーザーの多様性を考える側面の 1 つに過ぎない。ユーザーの多様性が原因でうまくモノ・コトを利用できない（例えば、歳をとったから、詳しくないからできない、など）ユーザーをなくすために、多様なニーズを持つユーザーに公平に満足を提供できるモノ・コトをデザインする、という考え方やプロセスをユニバーサルデザインと言う。

- ユーザビリティの向上（5 章で詳述）

  ユーザビリティは簡単に言うと、ユーザーにとって使いやすいかどうかということである。人間中心デザインという考え方が広まってきた当初は、ユーザビリティを高めるための取り組みが中心であった。ISO9241-11 の定義に基づいて説明すると、ユーザビリティとは、ある特定の利用状況において、ある特定のユーザーが、特定の目的を達成する際の有効さ、効率、満足の度合いである。人間中心デザインでは、ユーザーが利用する文脈において、きちんと、効率よく、満足して使えるか、ということを考えるということが求められる。

- よりよい UX の実現（8 章で詳述）

  ここまで述べた側面では、「きちんと使えるか」という実用的な面のみに重きが置かれているように見えるが、人間中心デザインの範疇はそれだけではない。モノ・コトを利用する際の体験（UX）に着目し、より嬉しい体験、価値ある体験を提供できるように総合的に考えることも含まれる。例えば、喫茶店において単にコーヒーというものの販売を考え、その品質だけを考えるのではなく、店を認知し、入店し、退店するまで（さらにはその後のフォローアップまで）といった一連の体験を考え、「居心地のよい場所でリラックスできる特別な時間」を提供するといったようにユーザーにとって価値ある体験を提供することを目指す、ということである。

2.3. 人間中心デザインにおける品質

人間中心デザインによって、より使いやすく、価値あるモノ・コトの実現を目指すには、その良し悪しを捉える品質を考える必要がある。ここでは人間中心デザインに関連する特徴的な品質の捉え方を紹介する。

2.3.1. 製品品質と利用時の品質 [3]

製品品質とは製品そのものが持つ品質特性であり、俗にいう製品の性能やスペックといったものがこれに当たる。設計時に作り込む品質であり、これ自体は利用場面によって変わるものではない。一方、特定の利用文脈においてユーザーが製品とやり取りする際のユーザー視点の品質を利用時の品質という。例えば、ユーザーがその製品に満足できるかどうかなどはユーザーやシーンに依存するものであり、実際に利用する際に初めて決まるものである。そのため、人間中心デザインにおいては、利用時の品質を高めるためにどういった製品品質であるべきか、またそれをどのように設計すべきか、ということを考える必要がある。つまり、作る側の観点の品質だけでなく、使う側の実利用状況に焦点をあてた品質を考えることが重要なのである。

2.3.2. 狩野モデル [4]

狩野モデルとは、図2-4のように、顧客が求める品質を5種類に分類したモ

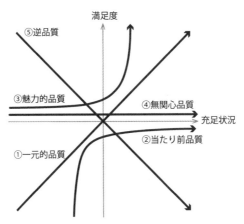

図2-4 充足状況と満足度の関係（狩野モデル）

デルである。このモデルでは、横軸を充足状況、縦軸を満足度として考える。一元的品質は、充足していれば満足度は上がるがそうでない場合は不満が生じる要素である。当たり前品質は、あって当たり前なので充足していても満足にはつながらないが、ないと不満が生じる要素である。一方、魅力的品質はなくても仕方ないが、あると嬉しいという要素であり、なくても不満は生じないがあると満足につながる。このほか、無関心品質は、あってもなくても顧客は気にしないという要素である。また逆品質は、充足されているとむしろ不満につながる、ない方が好ましいという要素である。人間中心デザインにおいては、ユーザビリティの問題などの当たり前品質の未充足につながる問題を改善するとともに、ユーザーによりよい体験を得てもらうための魅力的品質の充足を考える必要がある。また、ユーザーを理解できておらず、利用文脈が十分に考慮されていない場合、無関心品質や逆品質を充足させるためにリソースをかけてしまう場合もあるので、こうした点にも注意を払う必要があろう。

2.3.3. 実用的品質と快楽的品質 [5]

　実用的品質とは、ユーザーの目的の達成に寄与する品質であり、効率性や有効さといったモノ・コトを利用する際の実用的な側面である。これに対して、快楽的品質とはユーザー個人の価値観や感情・感性の側面からの魅力である。いかにユーザーにとって嬉しい体験・価値ある体験を実現するかという要素である。図2-3で紹介したHedonomicsの観点を考えるためには実用的品質だけでなく、快楽的品質についても考慮する必要がある。

2.4. 人間中心デザインのポイント

　人間中心デザインを行ううえで特に重要な考え方を述べる。例えば、人間中心設計に関する国際規格であるISO9241-210などでさまざまな原則が示されているが、ここではそういった規格とは別に、筆者の解釈において最も根幹にあると考える人間中心デザインの特徴を3点に絞って説明する。

2.4.1. 利用文脈を考える

　まず最も重要な点は、「誰が、どんな状況で、何のために使うのか」を考え

るということである。この点が異なると、モノ・コトに対するユーザーにとっての意味や評価は変わってくる。例えば、一人掛けソファはカフェなどでくつろぐには好ましいが、オフィスでのVDT（visual display terminals）作業に使うのは困難である（パソコンを使いやすいような姿勢にならない）。これはモノそのものの問題ではなく、利用文脈の不適合に課題があると言える。つまり、モノ単独で価値を生むのではなく、ユーザーが利用すること（ユーザーとのやり取り）によってはじめて価値が生まれるのであって、モノ単独で考えるのではなく利用文脈を考えることが重要なのである。「利用文脈を考える」とは、要はユーザーがどう利用しているかという実状を理解し、それに基づいてデザインするということである。

　モノ単独だと一見問題はなくても、実利用状況においてうまく使えないというデザインの場合はユーザーの利用文脈の検討不足と捉えることができるだろう。例えば、後から利用者や管理者がシールなどで補足説明を付け足したような操作パネルやサインなどをよく見かけるが、ユーザーが持つ知識や操作する際の思考、設置される環境などといった利用文脈が十分に考慮されていなかったからではないかと思われる。こうした問題を解消するためには、ユーザーやその利用文脈をよく理解することが重要であり、この点は人間中心デザインの根幹であると言えるだろう。

2.4.2. 形から入らない
　デザインを考えるといっても、いきなり解決策を発想しようとしたり、製品形状を検討したりするのではない。2.4.1の項目にも関連するが、本質的なユーザーのニーズや要求事項を探り、しっかりとしたコンセプトを検討したうえで考える必要がある。明確なコンセプトなしに対症療法的に課題にアプローチすると、矛盾や要求事項の検討不足が起こり得る。そこで、まず明確なコンセプトを作り、それを実現するための要求事項を考え、そしてそれを満たすための具体案を形にしていく。形から入らないというのは、まず意味やコンセプトをしっかりと考えるということである。図2-5に示すように目的と手段は上位・下位で連鎖する関係にある。この最上位の目的としてユーザーに提供する価値や体験を置き、それを実現する手段を順々に検討する。

　Theodore Levittのマーケティングにおける格言として「ドリルを売るのでは

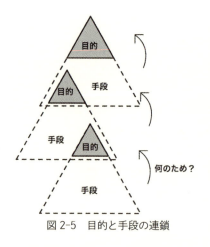

図 2-5 目的と手段の連鎖

なく穴を売れ」という言葉があるが、これは目の前に見えていることだけでなく、消費者視点で真の要求事項を考えて、ユーザニーズを掘り下げ、問い直すことの重要さを示唆している。この要領でさらに、なぜ穴が必要なのかと繰り返し問い直すことでより本質的なニーズを考えることができる。この例で言えば、目の前に見えているドリルを売ることに終始するのではなく、その背後にある意味を問い直すことで、ユーザーに提供すべき本質的な価値を考えることができよう。また、フォード・モーターの創業者であるHenry Fordの逸話として、「もし顧客に彼らの望むものを聞いていたら、もっと速い馬が欲しい、と答えただろう」というものがある。自動車がない時代、主な移動手段は馬車であり、人々が速く移動したいと思えば速い馬を求めることになる。しかし、ここで表面的なニーズだけを見て速い馬を探して提供するのではなく、そのニーズ（速い馬）が表出された背景にある潜在的なニーズを捉えることで自動車を生み出せたという逸話である。これに付け加えるなら、なぜ速く移動したいのかということをさらに深く洞察すると、自動車以外の解決策もあり得るかもしれない（例えば、遠くの人に手紙を早く届けたいならEメール、など）。目の前に見えていることだけを捉えるのではなく、その理由を繰り返し、深く洞察することで、時としてユーザー自身も気付いていない、ユーザーが本当に求める価値を捉えることができる。また、Fordの逸話で述べたように、提供したい価値によって解決策の形は変わる。つまり、いきなり具体的な形から考えるのではなく、ユーザーに提供すべき本質的な価値に基づいて形（具体的な解決手段）を考える必要がある。

2.4.3. イテレーション（反復、繰り返し）

イテレーションとは、反復や繰り返しの意味であり、ここでは評価・改善といったサイクルを繰り返すことを言う。人間工学を学び人の特性についての知識が増えれば、ユーザーに適合したよりよいデザインができるのかというとそ

うではない。もちろん、人間中心デザインを行ううえで人の特性を把握することや手法を扱えることは大事であるが、2.1節でも述べたとおり、デザイナーや人間工学専門家はユーザーではない。そのため、ユーザーを知り、二次的理解を適切に形成することが肝要であり、人の特性に関する知識はそのための1つのきっかけや視点に過ぎない。二次的理解は会話・観察の繰り返しによって形成する必要があり、デザインプロセスの中での評価・改善の繰り返しが重要になる。ISO9241-210で示される最も広く認識されている人間中心設計プロセス（図2-6）においても、プロセス中での評価に基づく繰り返しの重要さが強調されている。

　また、そもそも人間は不合理で曖昧な生き物であり、完全に理解したうえで一発で解決策を導出することなどできない。厳密な正解を導出しようとするのではなくユーザーやその利用文脈に基づく仮説を立て、評価・改善を通して検証していくことが重要である。Fail Fast, Fail Cheap（早いうち、安いうちに失敗しておく）の考え方のように、プロセスの早い段階から試作・評価を繰り返すことが適切な二次的理解の形成に寄与するだろう。

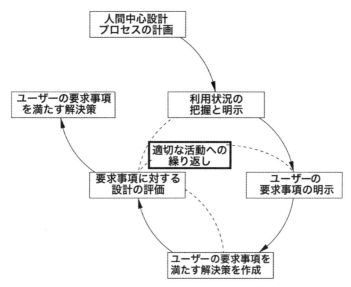

図2-6　ISO9241-210における人間中心設計プロセス

参考文献

[1] クラウス・クリッペンドルフ（著）、小林昭世・川間哲夫・國澤好衛・小口裕史・蓮池公威・西澤弘行・氏家良樹（訳）(2009)意味論的転回―デザインの新しい基礎理論、エスアイビー・アクセス

[2] Hancock, P.A., Pepe, A.A., Murphy, L.L.（2005）Hedonomics: the power of positive and pleasurable ergonomics, Ergonomics in Design, 13, 8-14

[3] 情報処理推進機構(2017)つながる世界の利用時品質〜IoT時代の安全と使いやすさを実現する設計〜、https://www.ipa.go.jp/archive/files/000058465.pdf

[4] 狩野紀昭・瀬楽信彦・高橋文夫・辻新一(1984)魅力的品質と当たり前品質、品質、14(2)、147-156

[5] Hassenzahl, M., Platz, A., Burmester, M., Lehner, K.（2000）Hedonic and ergonomic quality aspects determine a software's appeal, Proceedings of the CHI2000, Netherlands, 201-208

3. 人とモノ・コトの関係を捉える側面と人の特性

3.1. 人とモノ・コトの関係を捉える枠組み

3.1.1. ヒューマン・マシン・インタフェースの5側面

　人間中心デザインでは、人とモノ・コトの関係を適切に捉え、それを調和・最適化することが必要である。人間中心デザインは、人間工学の知識や手法を活用するものであるが、ここまでで述べてきたように、この観点は、例えば居住空間と身体寸法の調和などの特定の側面だけに限るものではなく多岐にわたる。こうした人とモノ・コトの関係を捉えるための見方としては、山岡の提唱したヒューマン・マシン・インタフェースの5側面 [1] がわかりやすい（図3-1）。ヒューマン・マシン・インタフェースとは、ヒューマン（人）とマシン（機械）のインタフェース（接面、境界）ということであり、人が人工物とやり取りする接点のことを言う。マシンとは言うが、これは狭い意味でのハードウェアとしての機械だけを指すものではなく、人工物全般に当てはめて考えることができる。ヒューマン・マシン・インタフェース（HMI）の5側面とは、HMIにおける人とモノ・コトなどの人工物との適合性を考えるうえで考慮すべき5つの側面のことである。

　1つめの身体的側面とは、モノ・コトの操作部や要素にアクセスしたり、操作したりする際の姿勢、手や足などといった効果器によって操作する際の力の向きやその大きさ、また効果器とモノの接触面のフィット性や触り心地などといった、人の身体に関する特性との適合性である。2つめの頭脳的（情報的）側面とは、モノ・コトに関する情報を入手したり（見やすさなど）、理解したりする情報のやり取りに関する適合性である。3つめの時間的側面とは、モノ・コトのやり取りに要する時間、モノ・コトからの反応を待つ時間、モノ・コトとやり取りをする時間帯などといった、人とモノ・コトとのやり取りを時間の

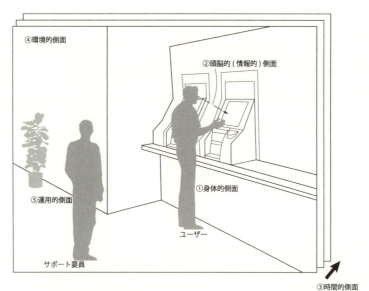

図 3-1 ヒューマン・マシン・インタフェースの 5 側面

観点から見た時の適合性である。4 つめの環境的側面とは、どんな気候や明るさでモノ・コトとやり取りをするのか、モノ・コトとやり取りをする空間をどう感じるのかなどといった、人とモノ・コトのやり取りがなされる環境に関する適合性である。5 つめの運用的側面とは、モノ・コトをどんな方針・組織体制で、どのように運用するかという、モノ・コトの運用体制や運用する組織の面からの適合性である。3.2 節以降、それぞれの側面に関連する人の特性のうち、代表的なものをいくつか紹介する。

3.1.2. 人と機械の役割分担

　人と人工物の関係性を考えるうえで、どこまでを人工物側が行い、どこまでを人が行うのかという役割分担が重要になる。それぞれの特性に合っているのか、システム全体の方針に照らし合わせてどうか、ということを踏まえて役割を検討する必要がある。これは単純に人の負担を減らして、人工物側で多くの作業を担当すればよいということではない。例えば、すべてを自動化した時に人の作業が単純・単調になることでそれに伴う問題が起こったり、コストなどほかの面での問題が起こったりするため、どういったシステムをデザインする

3. 人とモノ・コトの関係を捉える側面と人の特性　21

表 3-1　人と機械に割り当てるべき長所と機能 [1]

人に割り当てるべき機能	機械に割り当てるべき機能
ある状況に対応した決定をする	人の感覚の限界を超えた刺激の検出
異常な、または予期しない出来事を感じる	コード化された情報の早くて正確な貯蔵と検索
帰納法的推論	多量の短期記憶量
一時的過負荷のもとでの実行	複雑で数学的な計算
知覚面での恒久性	演繹的推論
騒々しい環境下での弱い信号の検出	長時間での一定した作業
	一定時間内で多くの仕事を達成
	物理的な出来事の計測、記録
	刺激を受けてから反応までの時間が短い
	長く続く監視作業
	繰り返し続く動作
	強い力の発揮

かという、全体の目的・目標に基づいてバランスをとる必要がある。人と機械のそれぞれの長所と、割り当てるべきとされている機能を表 3-1 に示す。

　また、状況に応じて役割分担を変更するという考え方もある。例えば、自動運転車においてある特定の状況では自動車側が運転を担当するが、機械側で対応できない道路や状況になった場合に人が運転を代わるというものや、鉄道の駅によって電車のドアを乗客が自分で開閉したり、車掌が一括で開閉したりというものがこれに当たろう。こうした役割分担の考え方はシステム全体をうまく運用するために時として必要になるが、役割の変更をユーザーが適切に理解でき、またそれに対応できるかという点には注意を払う必要がある。

3.2.　身体・形態・生理に関する特性

3.2.1.　身体部位の捉え方

　人の身体の部位とその寸法や姿勢を知るための代表的な計測点を図 3-2 に示す。人体の部位を大まかに分けると、頭、首、体幹、上肢（上腕、前腕、手）、下肢（大腿、下腿、足）というようになる。大まかな区分けではあるが、医学的な所見を得るのではなく、人間工学的な検討としてモノ・コトを利用する際の身体全体の姿勢や動作を把握するうえでは、これくらいの分類で対応できる場合が多い。ただし、特に手指の動きに着目したいとか、特定の部位に特化して計測したい場合には、より細かい部位に分けて考えることも必要になる。図

3-2に示す各計測点はそれぞれ以下に示した部位で[2]、これらの各点の位置や、各点を結んだ線から各部位の角度やその変化などを捉えることができる。

- 耳珠点（じじゅてん）：耳の孔の前で外側にある突起の付け根
- 頸椎点（けいついてん）：第七頸椎の棘（きょく）突起の先端
- 肩峰点（けんぽうてん）：肩甲骨の背側にある棚状の隆起の先端が扁平な大きな突起となっている部分の外側縁のうち、最も外側に突き出している点
- 橈骨点（とうこつてん）：橈骨（前腕の親指側の骨）の近位端（肘側の端）の円盤状の部分のうち外側の端の点
- 尺骨茎突点（しゃっこつけいとつてん）：尺骨（前腕の小指側の骨）の遠位端（手側の端）の突起のうち最も手側の端の点
- 転子点（てんしてん）：大腿骨の大転子（大腿骨の上方外側にある膨らんだ部分）の最上縁の点
- 膝関節点（しつかんせつてん）：大腿骨の外側顆（下端で外側に膨らんだ箇所）の最も小指側に突出している点
- 外果点（がいかてん）：腓（ひ）骨の最下端（足側）の外側に膨らんだ点

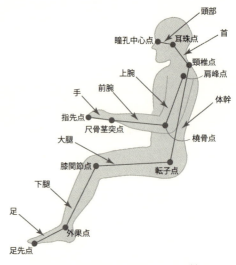

図3-2　身体構造を捉える視点[2]

3.2.2. 効果器とその特性

効果器とは外界に対して能動的に反応する器官のことで、ここではインタフェースに対して何らかの行動・操作を行う器官を指す。

■ 手

手の働きとしては、モノをつかむ把持機能、皮膚感覚によるセンシング機能、ハンドサインなどのコミュニケーション機能などがある。多くのシステムは手によって操作される。手による操作は、モノの把持が必要な場合や正確な操作

が必要な場合に利用される。例えば、レバー、ハンドルの操作、マウスのポインティング、インタフェース上のボタンの押下などがこれに当たる。一方で、長時間または連続的に中程度以上の力を発揮する必要がある場合は、手による操作は難しい。

▌足

足の働きとしては、体重の支持、歩行、踏み込み動作などがある。足による操作は、力を持続的に加えなくてはならない場合（自動車のペダルなど）、中程度以上の力が断続的あるいは連続的に必要とされる場合、両手がふさがっている場合などに用いられる。ペダル押下の場合は座位を基本とする。精密な動作というよりは、比較的粗大な動作になるので単純な動作にする必要がある。

▌そのほか

多くのシステムは手または足による操作であるが、利便性向上や肢体不自由者向けの操作方法として、手足以外による操作が行われるものもある。代表的なものとしては、発話によって操作する音声入力システム、視線や随意的な閉眼によって操作するシステム、頭部ジェスチャー、舌による操作などがある。

3.2.3. 作業姿勢とモノの位置関係

▌作業面の高さ

作業面の高さを考えるには、手の位置と注視点の位置を考える必要がある。実施するタスクによって、どこを見て、何を操作する必要があるのかということは変わり、これはユーザーの姿勢に影響を与える。目の使用が頻繁で腕の使用があまりない場合は、目の高さを基準に目の高さから下方に 10 ～ 30 cm、目と手のいずれも頻繁に使う場合は、肘の高さから上方 0 ～ 15 cm、目の使用があまりなく手を頻繁に使う場合は、肘の高さから下方に 0 ～ 30 cm がよいとされているので [2]、こうした考え方を参考にするとよいだろう。

▌視線の傾き

人の視線は自然な姿勢では下方に傾いている。立位の場合は水平線から下方に 10°、座位の場合は水平線から下方に 15° が自然な姿勢の傾きであるとされている。ユーザーへ提示する情報の位置を検討する際には、この角度を考慮するとよい。注視しやすい範囲を算出したい場合には、この角度に加え、ユーザーの身体寸法に基づく目の位置や視野の広さを踏まえて考えればよい。

作業域

何かしらの作業をするに当たって、ユーザーの手や足が届く範囲のことを作業域という（図 3-3）。机などの作業台といった平面上の位置関係を考えるための平面作業域と、棚やボタンの高さなどといった高さ方向の位置関係を考えるための垂直作業域とがある。ユーザーが触ったり、操作したりするものは作業域の内側にある必要がある。

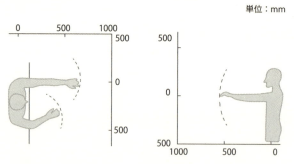

図 3-3　作業域（左：平面作業域、右：垂直作業域）[3]

　平面作業域においては、前腕が容易に動く範囲である通常作業域と、手を伸ばした時に届く範囲である最大作業域がある。通常作業域は前腕と手の長さ、最大作業域は上腕、前腕と手の長さを足し合わせたものとなる。ただし、机等の作業面とユーザーの腹部にはスペースがあるため、作業面の端から考えるのではなく、ユーザーの肘や肩を基準として作業域を考える必要がある。

　垂直作業域は、肩峰点を回転軸として上肢の長さを半径としてできる内側の領域である。高さ方向の位置を決める際には、この範囲を検討する必要がある。また、手の届く高さと身長の関係として、「手の届く高さ（最大高）＝1.24 × 身長」という式が提案されている [3]。

3.2.4. 作業姿勢と負担
作業姿勢による静的負荷

　筋肉の活動には動的活動と静的活動の 2 種類があり、動的活動とは筋肉の緊張と弛緩が交互に変化するような活動で、静的活動とは筋肉の緊張が持続し、ある特定の姿勢を保持している状況がこれに当たる。同じような作業条件なら、静的活動の方が負荷が大きい。例えば、カバンの持ち方にしても、リュックを

背負う場合に比べて、斜め掛けカバンを肩にかける場合やカバンを手で下げる場合では、腕、肩、背中などが不自然な姿勢になり静的負荷がより大きくなるとされている。こうした静的活動を伴う不自然な姿勢は筋骨格系障害の原因となるので、できるだけ避ける必要がある。表 3-2 は、静的負荷がかかりやすい姿勢とその姿勢が原因となって起こる身体の痛みを表している。

表 3-2　静的負荷と身体の痛み [4]

作業姿勢	痛みの発症部位
ひとところに立ちづくめ	足から脚、静脈瘤になりやすい
背もたれなしの座位	背腰の伸筋
高すぎる座面	膝、ふくらはぎ、足
低すぎる座面	肩から首
体幹の前屈（座位または立位）	腰部、椎間板の劣化
腕を伸ばす（左右、前、上）	肩から上腕、肩の関節炎
頭の前屈、後屈	首、椎間板の劣化
不自然な握り方（道具、取っ手）	前腕、腱の炎症を起こしやすい

モノの形状を考える際は、できるだけ静的負荷が少なく自然な姿勢で扱えるように考える必要がある。図 3-4 は工具の持ち手の例であるが、右側の図のような持ち手の場合には握った際に手首が曲がり、静的活動が必要になる。これに対し、左側のような持ち手にすると手首を無理に曲げる必要がなくなり、負荷が軽減される。

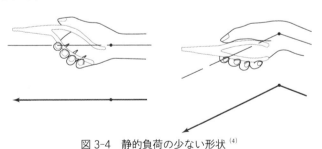

図 3-4　静的負荷の少ない形状 [4]

座位姿勢

イスに座ることで下肢の負担を軽減できるため楽にはなるが、それだけではない。よく言われるのが、イスに座ることで脊柱が湾曲し、椎間板にかかる圧

力が増すという点が挙げられる。図 3-5 は姿勢の違いによる椎間板内圧の変化を示すものであるが、座位の場合、立位に比べて椎間板内圧が高まっており、右下のように背中が丸まり前かがみになるとさらに高まることがわかる。これは座ることで骨盤が後方に回転し、それに伴い腰椎が前弯から後弯の状態になるためである。椎間板内圧が高まると、椎間板損傷や腰痛のリスクが高まる。では一般的によい姿勢とされているように、腰椎の前弯を維持できるように直立姿勢で座ればよいのかというと、図 3-6 のように筋肉への静的負荷がかかる。つまり、椎間板の観点と筋肉への静的負荷の観点では負担の少ない姿勢が異なり、トレードオフの関係があるのである。また椎間板内圧の観点だけでなく、姿勢が拘束されることや下肢への圧迫があることから、長時間の座りすぎは血流への影響も懸念される。そのため、座位姿勢やイスの設計を考える際には、

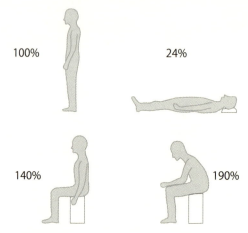

図 3-5　姿勢と椎間板内圧（パーセンテージは左上の立位での椎間板内圧を100％とした時の各姿勢での椎間板内圧を表す）[5]

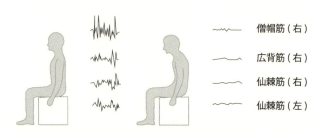

図 3-6　座位姿勢と背腰筋の電気活動 [6]

これらの観点を考慮する必要がある。

座位姿勢に関連して、一般的に言われる人間工学的なイスの要件を以下に紹介する。

- 座面の高さは調整できるようにし、足が床面から浮かず、机との間の空間に下肢を動かすのに十分な空間ができるようにする。座面から机上面までの高さ寸法を差尺と言い、これが 27〜30 cm 程度であれば腕を自然に机に置くことができ、腰背部も休ませやすい。
- 腰椎を支持するために、座面から 10〜20 cm あたり（第 3 腰椎と仙骨の中間あたり）を支えるような背もたれを設ける。背もたれは腰部を支えるために背中の下部が凸状にカーブした形状にする。
- 膝の裏など感覚の鋭敏な場所に圧力が集中しないような座面形状・素材にする。
- 臀部が前に滑り落ちないように後傾させる。

姿勢と筋力

人間は姿勢によって発揮できる力は異なる。例えば、座位であれば手の回転力は体の前方 30 cm で物を握る時、押す力は前方 50 cm、引く力は前方 70 cm でそれぞれ最大になるとされている。図 3-7 左側は肘の角度と曲げる力の関係、図 3-7 右側は立ち作業における手の位置と押す力、引く力の関係を示している。人が何らかの力を加える箇所を設計する際には、姿勢を考慮したうえで適切な操作方向や操作力にする必要がある。

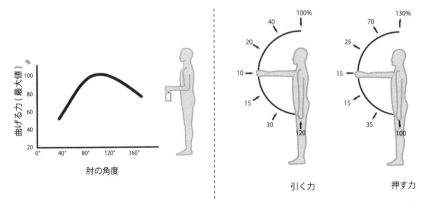

図 3-7　姿勢と筋力の関係（左：肘の角度と曲げる力、右：手の位置と押す力・引く力）[7]

3.2.5. 生理機能：ホメオスタシスと適応

　人間は外界からの刺激や負荷（外部環境の変化、運動、精神的作業など）を受けた際に不随意的に生体システムの自律神経系や内分泌系などにより諸器官の働きを調節し、生体内部の生理的環境を一定に維持することができる。これをホメオスタシス（恒常性の維持）という。例えば、外界が暑くなり体温が上昇する状況になれば、発汗など熱の放出を促す反応が現れ、体温が維持される。これは人間が環境の変化に適応するために必要な機能であると言える。

　環境の変化が過度な場合はケガや疾患につながるが、許容範囲内であれば、変化した状態が続くとやがてそれが通常のレベルになるように生体の状態が変化していく。この適応のための能力を適応能といい、人間はもちろん、生物全般がうまく生きていくために必要な生理機能としてこれを備えている。適応には生体の状態を環境変化に応じて反応させる生理的適応だけでなく、行動的適応や文化的適応もある。行動的適応とは、例えば外が暑いなら日陰や空調の聞いた屋内に移動するなどといった行動によって過度なストレス状態を防ぐものであり、文化的適応とは寒い地域に住んでいる場合に家や服のつくりに工夫を凝らすというような生活の仕方による対応をいう。

　生理機能に話を戻すと、これは先ほど述べたような環境の変化に対処するためだけに変化するのでなく、一定のリズムで変化している。人間は通常、日中に活動し、夜間に睡眠をとって体を休ませるため、それに合わせて体の状態を活動状態にしたり、休息状態にしたりと変化させている。例えば、人間の体温はおおよそ37℃前後であるが、時間ごとに細かく見ると朝から日中にかけて上昇し、夜になるにつれて低下していく。こうしたおよそ1日周期での生体の変動パターンを、サーカディアンリズム（概日リズム）と言う。

3.3. 情報処理に関する特性

3.3.1. 人間の情報処理の基本的プロセス

　人間の情報処理のプロセスは図3-8のように表すことができる。人間は外界からの情報をさまざまな感覚器官で受容し、それを知覚する。そうして得た情報を符号化したり、比較したりといった理解、判断、記憶などの認知的な処理をし、何らかの反応（出力）を行う。このように感覚器官から入力された情報

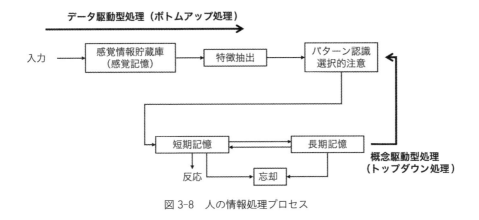

図 3-8 人の情報処理プロセス

から高次の処理へと続いていくプロセスをデータ駆動型処理（ボトムアップ処理）という。一方で、すでに記憶されている知識に基づいて外界の情報を理解しようとする処理を、概念駆動型処理（トップダウン処理）という。これら2つの処理は相互に作用しながら働く。

3.3.2. 感覚特性
感覚量と物理量

人間の感覚は量の変化ではなく比の変化を感じている。例えば、100gの重りを手に持ち1gずつ増やしていった時に、その変化を知覚できる最小の変化量が10gだったとする（この知覚できる最小の変化量を弁別閾という）。この時10gの差を常に知覚できるということではなく、元の重さからの比（10g：100g）が重要で、元の重さが200gの場合、210gで違いを感じ取るのではなく、比が同じ220gで違いを感じ取ることができる。これを実験により示したのがWeberであり、刺激の強さ（ここの例でいうと元の重さ）Iと弁別閾ΔI（最小の変化量）の比は、刺激の強さが変わったとしても一定であるというウェーバーの法則を提唱した。ただし、刺激の種類や個人差によってこの比は異なる。

このウェーバーの法則をもとにFechnerが発展させたものがウェーバー・フェヒナーの法則であり、これは、人間の感覚の大きさ（心理量）Eはその感覚を生じさせる物理量（提示された刺激の大きさ）Iの対数に比例するとうものである（式3-1）。この時kは定数であり、感覚の種類によって異なる。例えば、

部屋の照度が2倍になったからといって2倍明るく感じるわけではないし、音圧が2倍になったからといって2倍うるさく感じるわけではないのである。

$$E = k \log I \qquad\qquad (3\text{--}1)$$

■ さまざまな感覚

各感覚受容器ではそれらに適合した適刺激を感知することができる。各受容器で感知する固有の性質を感覚モダリティ（感覚様相）という。同一の感覚刺激を持続して与えられると感覚が鈍くなり、これを順応という。順応の程度や速さは感覚器官によって異なる。各感覚の情報の全通信容量は、視覚が107 bit/sec、聴覚が105 bit/sec、触覚が106 bit/secなどと推定されている [4]。ただし、人間が意識的に知覚できる通信容量は、視覚が40 bit/sec、聴覚が30 bit/sec、触覚が5 bit/sec程度とされていることから [4]、感覚器官が伝える情報のごく一部が認識されるものと思われる。

また日常生活において通常、複数の感覚から得た情報を基に知覚・認知しているように（例えば、モノの質感は見た目、触った感触、触れた時の音などから知ることができる）、各感覚が独立で処理されることは少なく、複数の感覚が統合されて処理される [5]。感覚の統合により、例えば何らかの刺激に対してできるだけ早く反応するというような課題（例えば、警報が提示されたらブレーキを踏むとか）では、単一の感覚モダリティによって刺激提示するよりも、複数の感覚モダリティを提示することで正確かつ素早く反応ができることが報告されている [6]。また一方では、感覚の統合によって起こる錯覚も多く報告されており、代表的なものとして、モノの見た目が重さ感覚に影響してしまうシャルパンティエ効果や、視覚情報（唇の動きなど）が音の聞こえ方に影響してしまうマガーク効果などが知られている。

■ 視覚

人間の視野は、上側が50〜60°、下側が70〜80°、左右方向がそれぞれ約100°程度である。ただし、このうち物の形や色を明瞭に視認できる範囲は1〜2°程度で、これを中心視という。また中心視ほど明瞭には見ることはできないが、ある程度必要なものを識別できる範囲を有効視野と呼ぶ。有効視野は、状況によって変化が大きく、4〜20°程度とされている。それ以外の範囲は周辺視といい、動くものについては認識できるが色や形まで判別するのは難しい。

視覚の順応としては、明るいところから暗いところへ移る時の暗順応と、暗いところから明るいところへ移る時の明順応がある。暗順応は2段階あり、最初の段階は10分くらい、その後、完全に順応するのは30分くらいである。明順応は1分程度で完了する。

聴覚

耳は外耳、中耳、内耳から構成され、外耳と中耳を通って伝えられた音による空気の振動が内耳の蝸牛のリンパ液を振動させることで、蝸牛内部の音受容細胞で検知する。人が聞くことができる周波数はおよそ20～20000 Hzで、特に1000～3000 Hzの音に感度がよい。これは加齢とともに変化し、特に高域における聴力の低下が知られている。音の強さについては、およそ0～120 dBまでの音を聞くことができ、それ以上のレベルの場合は痛みを感じる。周波数によって聴覚の感度は変わり、周波数が変わると音の大きさの感じ方は変わる。図3-9は等ラウドネス曲線と呼ばれ、図中の曲線は同じ大きさに聞こえる音の大きさのレベルを周波数ごとに結んだ等高線のようなものである。この図を見ると低域では感度が悪く、周波数が高くなっていくにつれて感度がよくなって

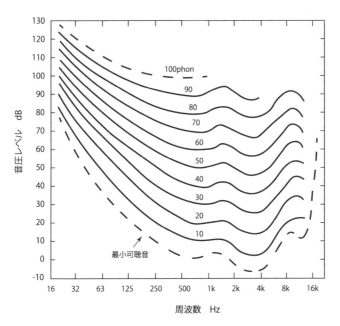

図3-9　等ラウドネス曲線

いき、3 ～ 4 kHz あたりの感度が最もよいことが見て取れる。

▍平衡覚

　平衡覚とは身体の位置や運動に関する感覚であり、耳によって受容する。内耳の前庭（頭部の傾きや直線的な動き）と半器官（回転運動の加速度）によって身体の傾きや回転を検知する。身体の傾きや回転を検知する主要な器官は耳であるが、視覚や体性感覚との関連も深い。

▍味覚

　舌にある味蕾によって感覚を受容する。甘味、酸味、塩味、苦味が4基本味と言われている。

▍嗅覚

　鼻の粘膜にある嗅細胞によって感覚を受容する。1つのにおいに対し、短時間で順応する。

▍皮膚感覚

　触覚、圧覚、温冷覚、痛覚の受容器が皮膚上に感覚点として分布している。触覚は、唇や指先に多く分布している。圧覚は触覚よりも皮膚深部の感覚である。温冷覚は、それぞれ温点と冷点によって受容される。冷点は温点よりも分布密度が高い。10 ～ 40℃の範囲では容易に順応が起こる。温冷覚ともに温度変化に対して反応する。痛覚は痛点により受容され、突起物で突いたり、ぶつけたりした時の痛みの感覚であり、順応は起こりにくい。

　身体部位によって感度の高さが異なり、2つの尖った点を2点として知覚できる距離である2点閾値は部位によって違うことが明らかになっている（皮膚上に一定間隔離して触れた2点の間隔をだんだんと短くしていくと、ある距離で2点を別々に知覚できず1点と感じるようになり、この閾値を2点閾値という）。例えば、指先や唇は2点閾値が小さいのに対して、大腿や上腕は2点閾値が大きい。

▍深部感覚

　筋・腱・関節にある受容器による感覚で、体の各部位の位置・動き・体に加わる重量や抵抗を検知する。皮膚感覚と合わせて体性感覚と呼ばれる。

▍内臓感覚

　内蔵には感覚神経が少なく、痛覚以外の感覚はほとんどない。内臓感覚には、空腹、渇き、尿意、便意、悪心、性感など内蔵の状態に関する感覚である臓器

感覚と、腹痛や胸痛などの感覚である内臓痛覚がある。

3.3.3. 記憶
記憶システム：二重貯蔵モデル

人間の記憶システムは、図 3-10 の Atkinson と Shiffrin による二重貯蔵モデルでよく説明される [7]。外界からの情報が感覚器に入力されると、まず感覚情報貯蔵庫に一時的に取り込まれ、そこから注意を向けられた情報が短期記憶に転送され、その後、リハーサルという記憶保持のための手続きを通して短期記憶から長期記憶に転送される。感覚記憶のうち視覚情報はアイコニックメモリ、聴覚情報はエコーイックメモリに貯蔵される。保持される時間はごく短時間であり、アイコニックメモリは約 1 秒、エコーイックメモリは約 2 秒と言われている。短期記憶は、長期記憶に転送される前に一時的に保持しておく記憶で、保持容量にも保持時間にも制限がある。これに対して、リハーサルを通して転送された長期記憶は、一旦記憶されると情報は失われず、大容量の記憶ができる。

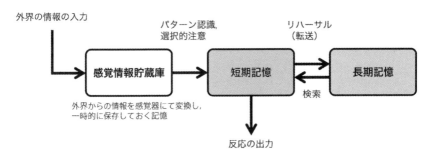

図 3-10　記憶システム（二重貯蔵モデル）[7]

短期記憶

短期記憶の保持容量については、Miller の提唱したマジカルナンバー 7 ± 2 という考えがよく知られている [8]。これは、記憶できる情報の単位をチャンクとし、7 ± 2 程度の情報を短期記憶で保持できるというものである。現在では、短期記憶の容量は 4 程度であるとする知見も報告されており [9]、マジカルナンバー 4 とも言われる。なおチャンクというのは、文字、数字、音などの何らかの情報を記憶するまとまりの単位である。例えば、H、U、M、A、N と

1文字ずつ提示され記憶するなら5チャンク分になるが、「HUMAN」という1つの単語として認識して記憶するなら1チャンクになる。この情報のかたまりをつくって記憶することをチャンク化と言い、これを工夫することで短期記憶容量に制限があっても多くの情報を保持することができる。例えば、情報間の関係性を捉えてひとまとまりとして覚えたり、視覚的な手がかりをあてはめたり、語呂合わせをしたりというように、自分なりの意味付けをすることで覚えやすくなる。

　記憶を保持するためにはリハーサルという情報を符号化する処理がある。これには、単に情報を反復し、短期記憶を忘却しないようにする維持リハーサル（例えば、英単語の意味を復唱するなど）と、関連するほかの知識と結び付けたり構造を理解したりして長期記憶へと転送する精緻化リハーサル（例えば、英単語の使い方や例文と紐付けたり、図示したりしてまとめるなど）とがある。

▍ワーキングメモリ

　上述の短期記憶のような一時的な情報の保持だけでなく、情報に積極的に働きかける処理も含めた役割を含む、ワーキングメモリ（作業記憶）という考え方もある。これは計算、意思決定などの複雑な認知プロセスにおける動的な記憶であり、何らかの高次な認知処理を行うにあたって必要な記憶を長期記憶から一時的に取り出し、不要になったら削除するというような、いわば「脳のメモ帳」のような役割を果たす [10]。ユーザインタフェース（user interfece: UI）の操作中にその操作方法や手順を考えて操作をし、その結果に基づいてまた次の操作を検討するというような場合には、このワーキングメモリの働きが重要になる。ワーキングメモリは、音声情報を保持・操作する音韻ループ、視覚系の情報を保持・処理する視空間スケッチパッド、およびこれらの情報を統合し、不要な情報を排除したり整理したりする中央実行システムから成る。ワーキングメモリの容量を測定する方法としては、リーディングスパンテスト（reading span test: RST）やNバック課題などが知られている。

▍長期記憶

　長期記憶は、宣言的記憶（顕在記憶）と手続き的記憶（潜在記憶）に分けることができる。宣言的記憶とは、何であるかというwhatに関する記憶であり、意図的に思い出すことができる。また宣言的記憶はさらに、物や人の名前、その特徴などの知識である意味記憶と、過去に経験した出来事などに関するエピ

ソード記憶とに分けられる。エピソード記憶のうち、自分の人生で経験した出来事に関する記憶を自伝的記憶という。自伝的記憶については、3歳以前の記憶が非常に少ない傾向（幼児期健忘）があるのと、10～30代の出来事の記憶が想起されやすいという傾向（レミニセンス・バンプ）がある。

これに対して、手続き的記憶はhowに関する記憶であり、自転車の乗り方などの、体で覚えている技能がこれに当たる。記憶にあるかどうかは意識できず、意図的に思い出すことはできない。手続き的記憶は、宣言的記憶に比べて、加齢や健忘症による影響を受けにくいと言われている。

上述のような、過去に経験したことに関する記憶は回想的記憶と呼ばれるが、これに対して、未来に行うべき行為の記憶は展望記憶と呼ばれる。例えば、「朝食と夕食の後には薬を飲もう」とか「〇時から会議に出ないといけない」というものがこれに当たる。展望記憶には前者のような事象ベースの記憶と、後者のような時間ベースの記憶とがある。

▍再生と再認

長期記憶を想起する方法として、再生と再認の2種類がある。再生というのは記憶した内容そのものを再現することで、再認というのは提示された内容が記憶にあるものか否かを判断するということである。例えば、昨日の晩ご飯の献立を思い出すのが再生で、昨日の晩ご飯がカレーであったか否かを判断するのが再認である。再認よりも再生の方が記憶の負担は大きく、加齢などの影響も受けやすい。UIの操作においても、ユーザーに記憶させた内容を再生させるような操作手順・方法はできるだけ避けた方がよい。

3.3.4. 注意

▍注意とは

注意とは、周囲の多数の事物・事象などの中から特定のものに意識を向ける働きであり、これによって情報を取捨選択したり、集中したりすることで、人間の限られた認知資源の容量でも情報処理をすることができる。例えば、注意機能によって情報が取捨選択されると、注意を向けている対象以外には注意を向けられず、視野の中に入っており見えているはずなのに気付かないといった現象が起こる（不注意盲：inattentional blindness）。

一口に注意と言ってもさまざまな側面がある。集中的注意とは、ある作業や

対象に注意を集中する機能である。作業者の状態、作業状況や個人差などによっても変わるが、単純作業に注意を持続できる時間には限界があり、30分程度とされている[11]。選択的注意とは、複数の情報の中から自分自身にとって必要と思われる情報を選び出し、それ以外の情報を排除・無視する機能である。選択的注意の代表例としてカクテルパーティ効果があり、これはパーティ会場のように雑音が多い状況でも話し相手との会話に集中していると周りの雑音を排除し、自分に向けて話されている言葉を聞き取れるというものである。分割的注意とは、注意を複数の作業や対象に配分して、並行して作業をしたり、適宜切り替えたりする機能である。助手席の人と会話をしながら運転をする、などがこれに当たろう。並行したり切り替えたりしながら作業ができないわけではないが、注意を配分できる容量には限界があり、難しい作業などであれば容量が足りなくなり、作業パフォーマンスの悪化につながる。

■ 注意の深さと広さのトレードオフ

　注意の深さと広さはトレードオフの関係にあり[12]、これがその状況における有効視野にも関わる。図3-11は自動車の運転場面であるが、図3-11左側のように、深く注意を払う必要がある場合、1つ1つの処理の深さが大きくなることで有効視野が狭まる（周りが見えなくなる）。これとは逆に図3-11右側のように、深い処理が必要でない場合は、そうでない状況よりも有効視野は広くなる。

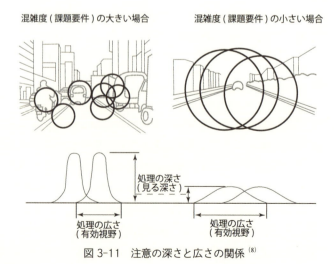

図3-11　注意の深さと広さの関係[8]

3. 人とモノ・コトの関係を捉える側面と人の特性　37

▌多重資源理論

　複数の作業を同時に実施する状況では、入力モダリティ（視覚、聴覚）、情報処理過程（知覚・認知、反応）、情報処理コード（空間、言語）、要求される反応の種類（手動、口頭）のどの側面で、どの程度共通の処理資源が必要かによって、作業間の干渉の大きさが変わるとされている [13、14]。作業間の干渉が大きいほど処理資源が競合し、作業パフォーマンスが低下する。例えば、異なる感覚モダリティの処理が必要な場合は、同一の感覚モダリティの処理が必要な場合に比べ干渉効果が顕著に減少することが明らかである [15、16]。自動車運転を例に考えると、運転操作では多くの視覚情報を処理する必要があるため、自動車運転中にカーナビの操作や地図確認などといった運転操作と同じく視覚的な処理資源が要求される作業を行うとドライバへの負担が大きくなる。

▌スイッチングコスト

　ある作業から別の作業へ移行する時に必要となる注意資源の量を、スイッチングコストという [17]。これは注意を向ける対象を変えるたびに、注意資源に負担をかけることになる。例えば、勉強中に頻繁にスマホを使って中断していると、注意資源が枯渇し注意散漫になってしまい、肝心の勉強に集中できなくなってしまうということである。

3.3.5. 知識とその表現

▌宣言的知識と手続き的知識

　知識は、宣言的知識と手続き的知識に分けられる。宣言的知識とは、事実に関する知識であり、例えば「日本の首都は東京である」などのように意識して利用できるものがこれに当たる。手続き的知識とは、「タッチタイピングの仕方」とか「自転車の乗り方」といった、意識せずに行動するための知識である。これらの知識が我々の心の中に表現された形式を、表象とか心的表象という。

▌命題表象とアナログ表象

　命題表象とは「○○は××である」という、真偽が判断できる文の形で表されるもので、ネットワーク構造（意味ネットワーク）で表現される。Collinsと Loftus はこのネットワーク構造について活性化拡散モデルという考えを提唱しており、リンクでつながっている各概念（ノード）間の意味的関連性が高いほど近い距離で配置され、ある概念が処理されるとそれに近い概念も活性化さ

れると説明している（リンクを介して近くの概念の活性化が拡散する）。
　また表象は命題表象だけでなく、アナログ表象という考え方もある。アナログ表象とは、外界の情報が文ではなくアナログ的な画像の形で表されるものである。

▍スキーマ

　スキーマとは、知識を構造化した心的なフレームワークである。固定された情報と可変の情報があり、可変の情報には最も典型的なデフォルト値がある。例えば図 3-12 左に示した犬のスキーマの例を考えると、足の数は固定された情報だが色やサイズはさまざまであり、その典型例は人によって異なる。この時、デフォルト値で構成される、その人にとって最も典型的な例をプロトタイプという。スキーマは階層構造を持ち、具体的なレベルから抽象的なレベルまで扱うことができる。図 3-12 右のように、野菜スキーマには人参スキーマなどが含まれる。

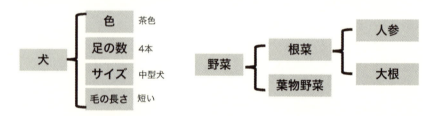

図 3-12　スキーマの例（左：スキーマの構成とデフォルト値の例、右：スキーマの階層構造の例）

▍スクリプト [18]

　特定の文脈における一連の連続した行為を記述した知識構造を、スクリプトと言う。例えば、「レストランで食事をする」というスクリプトを考えると、入店する→人数を伝える→席に案内される→メニューを見て注文を決める…というような流れになる。これによって特定の状況での部分的な情報から、行為の予測をすることができる。スクリプトは、登場人物、用いられる小道具、前提条件、複数の場面と下位の行為系列から構成され、これらに対してスキーマのようなデフォルト値が設定されている。先ほどのレストランの例だと、登場人物には食事客、ホールスタッフ、コックなど、小道具にはテーブル、メニュー、料理、伝票などがそれに当たる。

メンタルモデル

　何かしらの問題を解決しようとしたり、理解しようとしたりする時に、その特定の状況について心の中に作られる仮説的なモデルを、メンタルモデルという。例えば、新たに購入したカメラを操作する場面を考えると、「カメラはこういう機能があるものだ」とか、「以前使っていたカメラと同じようにこう使うはずだ」とか、ユーザー自身が自分なりにわかるように自分なりのモデルを作って理解・操作しようとする。この自分なりのモデルがメンタルモデルである。メンタルモデルは個人個人が勝手に作り出す恣意的なものであり、必ずしも正しいわけではない。また不安定なもので、忘れてしまったり、変化したりもする。そして恣意的なものでありながらも、多くの人に共通する普遍的な部分もある。メンタルモデルがあることで、知らないモノや出来事についても予測できたりするが、その一方でこれが不完全なものであったりすると、誤った理解をしてしまいエラーが起こる。

　UIの操作においてメンタルモデルを考えるには、図3-13のNormanの述べた枠組み[19]で理解するとわかりやすい。デザイナーは自身のモデル（デザインモデルという）に基づいてデザイン対象を構成する。この時、デザインモデルに基づいて具体化されたものをシステムイメージという。ユーザーは提供されたシステムイメージから自身のメンタルモデルを形成するわけであるが、このユーザーのメンタルモデルとデザイナーのメンタルモデル（デザインモデル）

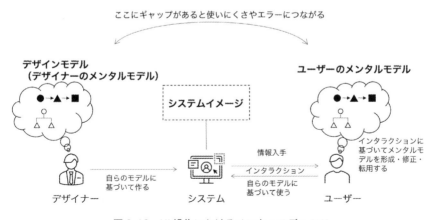

図3-13　UI操作におけるメンタルモデル[19]

がずれておらず、適切なシステムイメージが媒介されていればユーザーは思いどおりに使えて、使いやすく感じる。その一方で、ユーザーとデザイナーのメンタルモデルにギャップがあると、エラーや使いにくさにつながるのである。つまりデザイナーは、ユーザーがもともと持っているメンタルモデルに合わせたり、適切なメンタルモデルを新たに形成しやすくしたりすることを考慮する必要がある。

メンタルモデルは、手順や機能のように"How to use it"を理解するためのFunctional model と、動作原理や構造のように"How it works"を理解するための Structural model に分類される [20]。Functional model だけでも手順や機能はわかるので操作はできるが、Structural model が構築されていないと製品の構造や原理をよくわかっていない状態であり、とりあえず使えるが不適切な使い方をしてしまうかもしれない。例えば、電子レンジの動作原理をわかっていればアルミホイルを入れると火花が散って危険であることは想定できるが、そうでない場合、危険を理解できずにアルミホイルを入れて普段と同じように温め操作をしてしまうかもしれない。Functional model と Structural model の双方を構築することで、適切に製品を使いこなしてもらえるようになると言えるだろう。

▎同化と調節

ものが「わかる」とはどういったことかを考えると、同化と調節という概念で説明ができる。同化とは、与えられた情報をすでに長期記憶の中にある枠組みの中に取り込むことであり、調節とはすでに持っている知識の組み立てを変えたりして新しい知識を取り込み、知識同士の関係付けができることである[21]。そして、「わかる」ということは入力情報が既有知識に同化できる、もしくは既有知識をうまく調節できることである。先ほどのメンタルモデルの観点から考えると、すでに持っているメンタルモデルをそのまま転移して当てはめることが同化で、既存のメンタルモデルを修正したり新たなメンタルモデルを形成したりするのが調節である。

3.3.6. 意思決定と認知バイアス

▎意思決定が歪む原因

意思決定とは、何らかの目標を達成するために、複数の選択肢の中から最も望ましいと思う選択をすることである。ここまで述べてきた種々の特性からも

わかるとおり人間の認知資源は有限であり、限られた情報処理能力によって意思決定をする必要がある。また能力だけでなく、時間・場所・状況などさまざまな制約により関連するすべての情報を吟味できるわけでもない。つまり、人は完全な合理性を持ち合わせたうえで期待値を最大化する選択ができるわけではなく、限られた合理性（限定合理性）[22] しか持ちえないのである。そのため、現実に直面する複雑な問題に対して完全に合理的な意思決定ができるわけではなく、種々の制約の範囲内で可能な限り満足できる意思決定をすることになる。このような意思決定に使える時間や知識といったリソースや情報処理能力の限界が、認知バイアスにつながり、これが意思決定の歪みを生じさせる。認知バイアスとは、偏見、先入観、固定観念、思い込みなどのさまざまな要因によって無意識的に生じる思考の偏りの傾向のことであり、これによって意思決定に歪みが生じることは Kahneman らの研究 [23] によって広く知られている。

▌速い思考と遅い思考（二重過程理論）

人が意思決定や推論を誤ったり、不合理な意思決定をしたりすることに関連する人の思考の特性として、二重過程理論 [24] がある。これは、人の思考には速くて自動的に動く思考（タイプ 1 もしくはシステム 1 という）と、遅くて意識的に動く思考（タイプ 2 もしくはシステム 2 という）の 2 種類があるとするモデルである。それぞれの特性は表 3-3 に示す。

表 3-3　二重過程理論におけるタイプ 1 とタイプ 2 の特性

タイプ 1	タイプ 2
自律的	要ワーキングメモリ
素早い	遅い
容量が大きい	容量が限定される
並列的	直列的
文脈的	抽象的
非意識的	意識的
自動的	制御的
認知能力と独立	認知能力と関係

タイプ 1 というのは、日常の簡単な問題に対処するための思考で、いわゆる「直感」がこれに当たる。日常の些細なことをすべて意識的・分析的に考えているわけではなく、多くの場合、特に意識的な努力はせずとも自動的に処理しており、これはタイプ 1 の働きによるものである。これに対して、複雑な計算

など意識的かつ分析的に頭を使う必要がある場合には、注意資源を必要とするタイプ2によって対処する。この時、タイプ1の直感の誤りがあったり、タイプ2がその誤りを正すことに失敗したりした場合、意思決定の歪みが生じる。

Kahneman [23] によると、タイプ1の思考が意思決定の歪みにつながる原因として、本来の問題を簡単な問題に置き換えて考えてしまう、意識してタイプ1の思考を止めることができない、周囲の環境・文脈の影響を受けやすい、自分の見たものがすべてと思う傾向があるということが挙げられている。またタイプ2では、意識しないとタイプ1のそれらしい仮説を正しいと判断してしまうことや、過負荷状態（認知資源を多く使っている状況）では、予想外の注意を要することには気付けないという特徴が述べられている。

■ ヒューリスティックによって起こるバイアス [25]

ヒューリスティックというのは、限られたリソースの中で複雑な問題に対処するために、問題をわかりやすい形にして（単純化・省力化）、可能な限り正確と思われる判断を素早く行おうとする、タイプ1の思考に基づいた直感的な方略である。必ずしも正解ではないかもしれないが、経験的に近似解を出すための簡便な方法である [26]。認知資源を省力化でき簡単に使うことができるので、日常生活には欠かせないものであるが、その判断には歪みも生じやすい。

代表的なものとして、利用可能性ヒューリスティック、代表性ヒューリスティック、確証ヒューリスティックなどが知られている。利用可能性ヒューリスティックとは、ある出来事が起こる確率を考える際に、自分の記憶から容易に利用しやすいかどうかその確率を判断してしまうことである。これによって、身近にある情報、印象に残りやすい情報や最近の情報など、簡単に思いつきやすい出来事の確率を高く見積もってしまう傾向にある。例えば、ニュースで大きく報道された事件・事故などがあると、それらに関するリスクを高く見積もるようになるというのはこれに当たる。また生存者バイアスも、自分にとって容易に利用できる情報だけで判断してしまう1つの例であろう。これは、何らかの選択過程を経た事象のみに着目してしまい、その選択から外れた事象を考えずに判断してしまう傾向のことである。有名な例として、図3-14に示す戦闘機の被弾箇所の例がある。これは、撃ち落されずに帰ってきた戦闘機の損傷が激しかった箇所を示した図である。この図を見て、戦闘機のどの部分を補強すればよいと考えられるだろうか。一見すると、被弾の多い箇所を補強すれ

ばよいと直感的に判断してしまうかもしれないが、この考えには撃ち落されて帰還できなかった戦闘機のことが見落とされている。これを踏まえて考えると、図3-14 で被弾していない箇所が無傷であったから帰還できたと考えられ、実際に補強すべきは図中の被弾の少ない箇所になる。

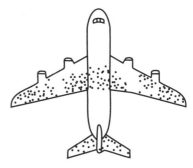

図 3-14　撃ち落されずに帰ってきた戦闘機の被弾箇所

　代表性ヒューリスティックとは、前もって持っている、自分がもっともらしいと思う典型例とどれくらい合致しているかで物事を判断してしまう傾向のことである。これによって、自分自身がより代表的と感じる事象を信用したり、過大評価したりしてしまう。例えば、営業職には体育会系の部活やサークル出身の人が向いてそうだからと、そういう人を積極的に採用しようとするのは代表性ヒューリスティックの一例だろう。これがうまくいく時もあるが、認知バイアスにつながることもある。例えば、コイン投げを連続して行った時、ずっと表が出ていたら、次こそは裏が出るはずだ（裏が出る確率が高くなっている）と感じてしまうギャンブラーの誤謬と呼ばれるバイアスは、代表性ヒューリスティックに由来する。実際には、1つ前のコインの裏表には関係なく、裏が出る確率は 50% であるが、裏表がランダムに混ざった結果が典型的であると感じ、表や裏が続いた状態は典型的と感じにくいのである。

　確証ヒューリスティック（肯定型仮説検証）とは、与えられた情報や説明を判断する際に、明確に否定的な証拠がない限りは肯定するための要素にのみ着目してしまい、反証するための要素には目を向けない傾向にあることを言う。この傾向は、自分が正しいと思っていることを追認するような情報ばかりを探してしまう確証バイアスや、自分の判断の的確さを過大評価してしまう自信過剰などの認知バイアスにつながる。

フレーミング

　実質的には同じ意味であっても、表現方法が異なるだけで意思決定が変わるという心理現象をフレーミング効果という。例えば、ある治療法の説明として「生存率 90%」と説明するか、「死亡率 10%」と説明するかでは意味は同じであ

> **質問1 （利得フレーム）**
> 伝染病で600人の命が危険にさらされています
> 対策Aと対策Bどちらかを選択しなければなりません
>
> （A）200人が確実に助かる
> （B）600人全員が1/3の確率で助かるが、2/3の確率で全員死亡する

> **質問2 （損失フレーム）**
> 伝染病で600人の命が危険にさらされています
> 対策Cと対策Dどちらかを選択しなければなりません
>
> （C）400人が確実に死亡する
> （D）600人全員が2/3の確率で死亡するが、1/3の確率で誰も死なない

図 3-15　フレーミング効果の例（疫病問題の設問）

るが、人の捉え方は異なるだろう。前者のように利得面が強調された表現を利得フレーム（ポジティブフレーム）、後者のように損失面が強調された表現を損失フレーム（ネガティブフレーム）という。扱うトピックにもよるが、多くの場合、利得フレームにおいて好ましさが高くなる傾向にあるとされている。

　また上の例とは違うが、どちらの選択肢を選ぶかという図 3-15 のような場面も考えられる。これはフレーミング効果を提唱した Tversky と Kahneman [23] が用いた設問であり、利得フレームの場合には確実に利得（この場合は病気の治療による生存）を確定したいために（A）の選択肢を選ぶ人が多い一方で、損失フレームの場合には損失（この場合は死亡）が確定するのを避けたいと考え、（D）の選択肢を選ぶ人が多いということが報告されている。しかし、選択肢の内容としては（A）と（C）、（B）と（D）はそれぞれまったく同じで表現が違うのみである。なお、このように人は利得による喜びよりも損失によるダメージを大きく感じ、損失を回避することに重点を置く傾向があり、この特性を損失回避性という。これにより、利得がある場合にはリスクを回避し確実な利得を得ようとし、損失がある場合には損失が少なくなることを志向してリスクを追求する傾向にある。

3.3.7. 情報処理モデル

▌行為の7段階モデル（淵モデル）[27]

　行為の7段階モデルとは Norman によって提唱された、人とモノのインタラクションにおける目標達成のプロセスを7段階で示したモデルである（図

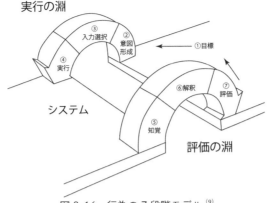

図 3-16　行為の 7 段階モデル [9]

3-16)。まずインタラクションにおける「目標」があり、その目標をどうすれば達成できるかという「意図形成」を行い、その意図に基づいて具体的な手順を考えて、それを実行する。次に実行した内容に応じてモノ側の反応（フィードバック）を知覚し、その意味を解釈する。そして、それが目標どおりであるかを評価する。この一連の流れは、ユーザー側とモノ側の隔たり（淵）を橋渡しする形で表現されており、淵（gulf）モデルとも呼ばれる。このモデルから考えると、目標をどう実現すればよいかという実行の淵と、行った操作は自分の意図と合っているのかという評価の淵を容易に越えることができる UI が使いやすいと言える。

■ モデル・ヒューマン・プロセッサ [28]

　モデル・ヒューマン・プロセッサとは、Card らによって提唱された、人の情報処理プロセスのモデルである（図 3-17）。知覚システム、認知システム、運動システムから構成され、それぞれのシステムは処理を行うプロセッサと情報を保持するメモリから成る。各プロセッサに定義された所要時間から単純なタスクであれば、その処理過程を分解し、所要時間を推定することができる。例えば、単純反応のタスクであれば、知覚プロセッサに 100（50〜200）msec、認知プロセッサでの反応決定に 70（25〜170）msec、運動プロセッサに 70（30〜100）msec を合計して、240（105〜470 msec）と推定することができる。認知プロセッサにおいて、再認、分類、照合などの処理がある場合は、それぞれについて 70（25〜170）msec を加算していく。

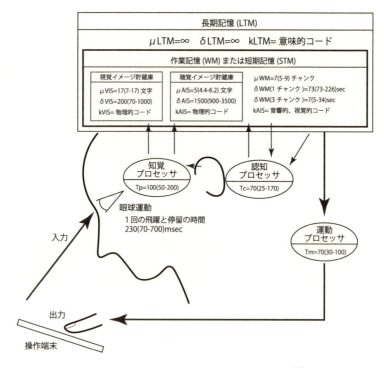

図 3-17　モデル・ヒューマン・プロセッサ[10]

▍ SRK モデル [29]

SRK モデルとは、Rasmussen によって提唱された、スキル（S: skill）、ルール（R: rule）、知識（K: knowledge）の 3 つのレベルで人の行動を説明したモデルである（図 3-18）。ここで、知識ベースの行動というのは、経験のない状況でルールも持ち合わせていない場合に、その状態を解釈するためのメンタルモデルを構築して問題解決を図る行動である。入力された情報がどういったものであるかを同定し、実施すべきタスクを決め、目標達成のための行動を計画して実行する。ルールベースの行動というのは、過去の経験や教育によってすでに知っている規則や手順を活用する行動である。入力された情報に対し、すでに知っているものであると再認し、それに伴って行うべき課題を想起し、そのために必要なルールを長期記憶から引き出す。スキルベースの行動というのは、無意識的に自動化された行動である。

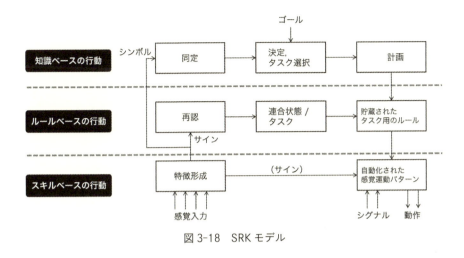

図 3-18　SRK モデル

3.4. 時間に関する特性

3.4.1. 作業時間と休息 [30]

　当然のことであるが、人は長時間作業すると疲れる。作業時間が長くなるとパフォーマンスは低下するので、長時間労働をしたとしても時間あたりの生産高は落ちる。そのため、適切な作業時間とそれに応じた休息時間を設ける必要がある。休息時間には、自発休息（自分で勝手に休息する）、作業中断休息（息抜きのために別の作業に逃げる）、作業事情による休息、所定休息がある。長時間労働においては、所定休息をきちんと設けることで疲労軽減や生産性の向上につながる。

3.4.2. 心理時間：時間の感じ方

心理時間が変わる要因

　人の時間の感じ方は、必ずしも時計で計測する時間とは一致しない。人が感じる時間を心理時間と言うが、心理時間に影響を及ぼす要因は多数報告されている。具体的な事例を以下に列挙する [31]。

・身体の代謝：代謝が落ちると時間を早く過ぎると感じ、代謝が高い場合には長く感じる。
・感情：恐怖心や、極度の緊張状態では時間を長く感じる。

- 時間経過に向けられる注意：何度も時間経過に注意が向くような場合には時間を長く感じる（退屈な待ち時間など）。
- 空間の大きさ：より大きな空間の方が小さな空間よりも時間を長く感じる。
- 脈絡やまとまり：提示される情報の中に何らかのつながり（ストーリー）を見出せる場合は、そうでない場合に比べて時間を短く感じる。
- 認知された出来事の数：出来事が多いほど時間を長く感じる。

▍待ち時間

　UI の操作やサービス利用の間に待ち時間が発生することも多いが、あまり待ち時間が長いとユーザーは不快に感じるだろう。待ち時間の限界は、場所、状況、文化、個人差などによって変わるとされている。例えば、操作中の UI の処理を待つ時間、エレベータを待つ時間、病院の窓口で待つ時間では、それぞれ許容できる時間は異なるだろう。この待ち時間に関しては、前述の心理時間に影響する要因を考慮することで短く感じられるように工夫することもできる。例えば、エレベータの待ち時間を短く感じさせるためにエレベータホールに鏡をつけたところ、利用者は自身の身だしなみのチェックに注意が向き、時間経過に向けられる注意が減ったため苦情が減ったという話もある [32]。

　待ち時間を短く感じさせる工夫としては、このように時間経過に注意が向かないようにするというのは 1 つの方策であろう。例えば、遊園地のアトラクションの待ち時間を考えると、アトラクションに関する説明を順次区切って行うことで意識されにくい長さの時間に分割するとか、待ち時間中に別のコンテンツに注意を引き付ける、などが考えられる。

　また、待ち時間ということを考えると、時間経過にばかり目が行くが、待つためには人が滞留する空間が必要であるということも留意するべきである [32]。

3.4.3. 時間に関する認知バイアス
▍現在志向バイアス

　現在志向バイアスとは、人は将来の価値と比較して、現在の価値を過大評価する傾向にあるという価値判断のバイアスである [33]。例えば、今すぐに 10 万円もらうか、今から 1 週間後に 10 万 1000 円をもらうか、という選択肢だと今すぐに 10 万円もらうという選択をする傾向があるが、これが 1 年後に 10 万

円をもらうか、1年と1週間後に10万1000円をもらうか、という選択肢になると1年と1週間後に10万1000円もらうという選択をする傾向になる。

これは極端な例だが、人は将来の利益よりも現在の利益を重視してしまう傾向があるので、1週間後に1000円をプラスされるよりも今すぐ10万円を選んでしまいがちになる。このように、目の前の報酬に対して、将来の報酬を割り引いて考えてしまう。この、時間によって割り引かれる価値の割合を時間割引率と言い、時間割引率が高い場合ほど現在の報酬の価値を高く評価していると言える。この時間割引率は、図3-19のように時間経過によって変わることが知られており、遠い将来であれば合理的な選択ができる（1年後であればさらに1週間待って1000円をもらう）。

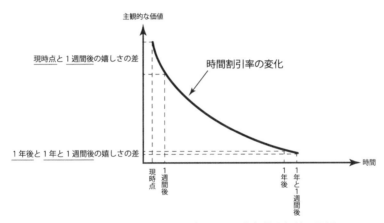

図3-19　現在志向バイアス：時間経過と主観的な価値の関係

ピーク・エンドの法則

ピーク・エンドの法則とは、あるエピソードの一連の流れの中で起こった印象の大きさを評価する人間の知覚現象である。ある出来事の全体的な印象の評価は、その出来事の最中の感情のピーク時と終了時の印象の大きさによって決定されるというものである[34]。図3-20は、ピーク・エンドの法則を示した研究の1つの例である。これはある施術を行った際の苦痛の強さを1分毎に報告したグラフである。患者Bの方が痛みを感じていた時間は長く、苦痛が多いはずだが、施術終了後に痛みの総量を評価してもらったところ、患者Aの方が総量を多く評価した。このことから、施術の実施時間（苦痛を与えられた持続

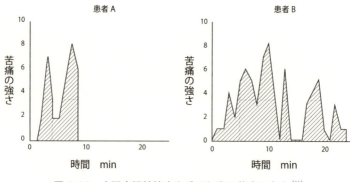

図 3-20　大腸内視鏡検査を受けた際の苦痛の度合 [11]

時間）はあまり考慮されず、ピーク時とエンド時の苦痛の大きさによって評価されることが報告されている。

このことは、製品やサービス利用時の満足度評価でも類似する傾向が示されており [35]、利用期間中のピーク時やエンド時の評価が、総合的な満足の度合いに影響する傾向にある。

3.4.4. 時間帯とパフォーマンス

　人が発揮できるパフォーマンスは、時間帯によって変わると言われている。課題の種類によっても変わるが、短期記憶、計算能力、注意を必要とする課題は 16 〜 20 時頃、論理的な判断を必要とする課題は 10 〜 14 時頃、身体が最もよく動く時間は 16 〜 20 時頃、集中力が低下する時間は早朝であると言われている [36]。

　また 3.2.5 節で紹介したように、人にはサーカディアンリズムという身体状態が変動するリズムがあるため、このリズムからずれた場合に心身にさまざまな弊害をもたらす。パフォーマンスの観点について考えると、深夜や未明の時間帯は集中力が低下してエラーが起こりやすい。また睡眠リズムの関係で、深夜・未明の時間のほかに午後の早い時間も眠気を感じやすく、集中力が必要な作業に向いていない。

3.4.5. 時間・時期によって変わる行動

　人の行動は常に一定というわけではなく時間的変動を伴うので、デザイン対

3. 人とモノ・コトの関係を捉える側面と人の特性　　51

象についてどういった変動があるかという点は考慮する必要がある。時刻によ
る変動について見てみると、例えば食堂、通勤電車、大学の教室などでは人の
生活リズムによって行動が変わる。また店舗や会場などでの滞留人員も時間帯
によって変動があるだろう。日毎の変動を考えると、曜日（平日と休日など）
や季節による変動もある。

3.4.6. 反応時間

　UI 操作などを考える際には、ユーザーが刺激を提示されてから行動を起こす
までの反応時間と、ユーザーの入力に対して機械側が反応する時間を考える必
要がある。機械側の反応時間については、あまり長いとユーザーが待ち時間を
不快に感じるだけでなく、何の入力に対しての反応かわかりづらくなってしま
う。

　ユーザーの反応時間に影響を与える要因は数多く報告されている。以下に、
反応時間に影響を与える要因の例をいくつか述べる。

▌ ヒック・ハイマンの法則

　選択反応を行う場合に、選択肢の数が多いほど反応時間が長くなる。この関
係は式（3-2）で表され（k は単純反応時間、n は選択肢数）、これをヒックの
法則と言う。また選択肢の出現確率も反応時間に影響を与えることが知られて
おり、反応時間は刺激の情報量に比例するとされている。出現確率 p を考慮す
ると反応時間は式（3-3）で表され（a は単純反応時間、b はパラメータ）、こ
れをヒック・ハイマンの法則という。

$$RT = k \log(n+1) \tag{3-2}$$

$$RT = a + b \log\left(\frac{1}{p}\right) \tag{3-3}$$

▌ モダリティによる違い

　刺激のモダリティ（感覚様相）によっても反応時間が変わることが知られて
おり、視覚刺激に比べて、聴覚や触覚刺激の方が反応時間が短くなると言われ
ている。また単一のモダリティで刺激を与える場合よりも、複数のモダリティ
（例えば、聴覚と触覚）を同時に提示した場合、反応時間が短くなると言われ

ている。

┃反応方法による違い

　反応する効果器の違いも反応時間に影響する。手指での反応に比べて、足や口頭による反応はわずかに遅れると言われている。

┃S-R（刺激-反応）コンパチビリティ

　空間的な適合性を考えると、刺激が提示される位置と、反応するための操作器の位置が空間的に対応している場合に反応時間が早くなる（図3-21）。例えば、右側が光った時に右側のボタン、左側が光った時に左側のボタンで反応する方が、その逆の組み合わせの場合よりも反応時間が早くなる。これは空間的な作業以外でも同様で、刺激と反応の適合性が高い場合、反応時間は早くなり、このような特性をS-Rコンパチビリティという。

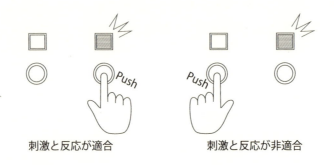

図3-21　S-Rコンパチビリティの例

┃疲労

　疲労があると反応時間が延長する。特に、単調な課題が長時間続く場合には顕著である。

3.5. 環境に関する特性

3.5.1. 快適な温度

　快適な温熱環境には、気温（室温）、輻射熱、湿度、気流といった気候条件だけでなく、着衣量、作業内容、季節、個人差が影響する。そのため、同じ温度であっても快・不快の感じ方は変わる。温冷感を考えるうえでの1つのモデ

ルとして、身体の温度と環境の温度の組み合わせで考える二次元温冷感モデル（図 3-22）というものがある [37]。ここで寒・暑というのは不快な状態であり、涼・暖というのは快感情を生み出す状態である。しかし、快感情は順応によって持続しないので、不快ではない中立域を目指す必要がある。

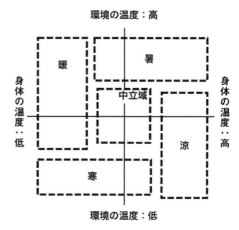

図 3-22　二次元温冷感モデル

3.5.2. 照明

照度

照明環境の快適さを考えるには、(1) 照度、(2) グレア、(3) 色温度がある。照度とは、その環境の明るさを表す基準であり、単位面積あたりの光量（単位 lx）のことである。作業または空間別で必要とされる照度は表 3-4 のように決められている。人の視力は照度によって変わることが明らかになっており、十分な照度がないと視力が低下してしまう。これは文字の読みやすさなど、モノの見やすさに影響するので、提示情報の可読性や見やすさを考える際には実際の設置環境を想定することが重要であろう。

表 3-4　作業または空間の利用中に維持すべき平均照度（JIS Z 9110:2010 に基づく）

維持照度 (lx)	場所や作業
1500	極めて細かい作業(精密機械の製造など)
750	設計、製図、エスカレーター乗降口など
500	一般的な事務作業、図書閲覧、キーボード操作、会議室など
300	教室、事務室、エレベータホール、化粧、洗面など
200	オフィスラウンジ、更衣室、トイレなど
150	階段など
100	休憩室、玄関、倉庫、廊下、エレベータなど
50	屋内非常階段、競技場の観客席など
20	寝室など
3	上映中の劇場観客席など
2	寝室(深夜)

グレア

グレアというのは、不快感や見えづらさを生じさせる眩しさのことで、これによって良好な見え方が阻害される。視野内に輝度の高い光源があったりすると眩しさを感じやすい。例えば、対向車線のヘッドライトや、パソコン画面への照明の映り込みなどがこれに当たる。

色温度

色温度とは白色光の色味を表す指標であり（単位K）、低い温度から赤色、オレンジ色、黄色、白色、青白色と徐々に変化していく。約3,000K以下で赤みがかり、約6,500K以上で青みがかる。色温度が3,300K以下の照明では暖かい印象が得られ、5,300K以上の照明では涼しい印象が得られる[38]。ただし、照明環境の快適さや印象は色温度だけで決まるものではなく、照度との関係にもよる（図3-23）。

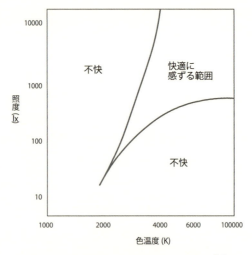

図3-23　色温度と照度から見る快適さ[12]

3.5.3. 音環境

騒音

人間工学において音環境を考える際は、騒音について検討されることが多い。騒音は不快感を与えるだけでなく、作業パフォーマンスにも影響を与える。また過度な騒音は聴力損失にもつながる。作業パフォーマンスへの影響としては、手作業への影響はほとんどないが、集中を要する精神作業では思考や反射が鈍

るとされている [39]。さらに騒音下では会話が困難になる場合があり、騒音レベルと会話可能な最大距離の関係は図3-24のように示されている。また会話の妨害に特に影響が大きいのは、およそ500～5,000 Hzと言われている [40]。

また、必ずしも騒音レベルが高くなくても望ましくない音だと感じられる場合もある [39]。たとえ音が小さくても、その音を聞く側が不快に感じるのであれば騒音の問題につながる。こうした音は立場の違いによっても感じ方が異なり、音を出してい

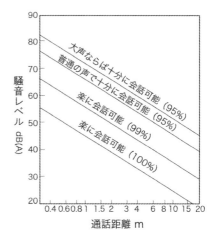

図3-24 騒音レベルと会話可能な最大距離の関係（パーセンテージは文章了解度を表す）[13]

る側は自分の都合で出している音なので騒音と感じにくい一方で、自分の意志とは関係なく音を聞かされる側は騒音と感じやすい。例えば、自分も小さい子どもと同居していれば、周りの家から小さい子が騒ぐ音がたびたび聞こえてきてもお互い様と思ったり、子どもだから仕方ないと微笑ましく感じるかもしれないが、普段から近所付き合いのない大人が騒いでいる音だと不快に感じることもあるだろう。また、音を聞かされる側が何を実行中であるかや、騒音にさらされる時間も騒音の感じ方に影響を与える。このように、音圧レベル以外の要因によっても騒音と感じるかどうかは変わるということに注意を払う必要がある。

▎マスキング

ある音がほかの音の存在によって聞き取りづらくなることをマスキングと言う。特に、マスクされる音とマスクする音の周波数が近い時に、マスキングの効果は大きくなる。例えば、高層ビルのエレベータの風切り音をマスクするためのBGMや、トイレの音消し装置などはマスキング効果が活用されている。

▎BGM

音を防ぐだけでなく積極的に付加するという観点では、BGMの利活用がある。職場環境においてもBGMを流すことによって生産性を高める効果がある

とされている。

3.5.4. 空間認知

▎認知距離

　頭の中で持つ環境のイメージにおける主観的な距離を、認知距離と言う。これは記憶の中の距離であるとか、視野にない（見えていない）経路の距離についての認識であり、必ずしも実際の物理的な距離と一致するわけではない。認知距離の推定には、好きな場所であるとか（好きな場所の方が過小評価される傾向にある）、心身への負担を感じる（負担を感じる方が過大評価される傾向にある）などといった心理的な要因と、以下のような物理的な要因が影響を与えるとされている [41]。

- 曲がり角の数：多いほど過大評価される
- 交差する道路の数：多いほど過大評価される
- 通路上の視覚的情報量：多いほど過大評価される
- 坂道や階段：過大評価される
- 目的地の視認性：推定する起点となる場所から目的地が見えない場合に過大評価される

▎認知地図

　頭の中に作る空間的な関係についての地図を、認知地図と言う。人は認知地図を使い、自分の位置を確認し（定位）、進むべきルートを探索する（ウェイファインディング（wayfinding））。Lynch は、都市の認知地図を構成する要素として、パス（経路）、ノード（多くのパスが交差する主要な結束点）、ランドマーク（目印）、エッジ（場所をさえぎる縁）、ディスクリクト（一定の広がりがある区画）の5つを挙げている。認知地図の形成に当たっては、まずランドマークが記憶され、それらを結ぶ形でパスが形成される。そして、複数のパスが統合されていく。ただし、適切なランドマークが利用できない環境においては、パスの獲得が促進されると言われている [41]。

▎YAH マップ

　街や建物の中の一定場所に固定される地図は、まだ認知地図が十分に形成できていない環境において役立つ。この地図の中に現在位置表示があるものをYAH（You-Are-Here）マップという。適切に現在地を示し、地図を見る人が定

位しやすくするためには、実際の環境と地図の情報のマッチングが重要である。そのためには、ユーザーの身体方向、その方向にある実際の環境の要素の位置、地図に書かれた要素の配置が一致している必要がある [42]。これを整列効果と言う。また、現実の環境で使われている言語情報を地図中に示すことも有用である [41]。

3.5.5. 空間・環境に対する感じ方
▎対人距離と関係性

プライバシーとは他者との接触の度合を調整することであり、その調整メカニズムの1つに、Sommer が提唱したパーソナルスペースがある。パーソナルスペースとは、他者に侵入されたくない自分の体を取り囲む、目に見えない領域のことである。普段は意識するわけではないが、この距離が適切でない場合、不快に感じる。パーソナルスペースの大きさには、発達段階（年齢とともに大きくなる）、性別（男性の方が大きい傾向にある）、環境、文化などが関係すると言われている。

他者と何らかのやり取りをする際の距離を対人距離と言うが、これは相手との関係性や状況によって変わる。Hall は対人距離を図 3-25 のように、4つの分類とそれぞれの距離における近接相・遠方相に分類した。親密距離は、近接相では非常に親密な間柄で身体的な接触を伴う行動が取られ、遠方相では容易に相手に触れることができる。私的距離は、近接相では親しい友人同士で会話する距離でどちらかが手を伸ばせば体に触れることができ、遠方相では新しい友人や知人と会話をする距離で、両者が手を伸ばせば体に触れることができる。社会距離は、近接相はビジネスなど形式的な話をする距離で、遠方相は相手の

図 3-25　対人距離の分類

表情はよく見えないが姿全体は見える距離である。公共距離は、近接相は講演者と聴衆といったように個人的な関係ではない距離で、遠方相はより社会的地位の高い重要な人物の演説などにおいて取られる距離である。

▌対比の特性と覚醒モデル

対比の特性と覚醒モデルとは、Berlyne が提案した環境評価における快と覚醒の関係性を示したモデルである [43]。図 3-26 のように、適度な覚醒水準をもたらす環境を一番快く感じるという。対比の特性とは、新奇性、驚き、複雑さ、不調和など、環境から得る視覚刺激と、文脈やユーザーの既存知識などとの比較から感じられる差異によってももたらされる性質のことである。この対比の特性（例えば、驚き）が増すにつれて覚醒の度合いも増すが、覚醒が低すぎても（退屈する）、高すぎても（疲れる）、快の度合いは高まらず、逆 U 字の関係になるとされている。

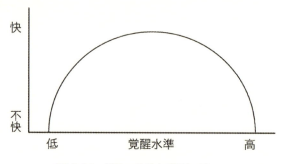

図 3-26　対比の特性と覚醒モデル

▌環境選好マトリックス

Kaplan らは人が好む景観の評価因子を、状況を理解しやすいか、もしくはそこに何があるかを探索したいと思うかという軸と、今現在、目の前の状況のことか、将来を予期してのことかという軸を組み合わせたマトリックスを提案している（図 3-27）[44]。同図で、「凝集性」とは景観の要素に一貫性があり理解が容易なこと、「複雑さ」とは景観にさまざまな要素・情報があること、「わかりやすさ」とはランドマークなどにより定位や経路探索がしやすいこと、「ミステリー」とは景観の中に新しい情報や魅力を喚起させるものがあると期待できることである。

	理解しやすい	探求したい
現在・目の前	凝集性 周辺の情報の把握を容易にしてくれる	複雑さ 周辺に情報が存在することを意味している
将来・予期	わかりやすさ 環境内での定位を助け，移動を効率的にしてくれる	ミステリー 新しい情報や有益な資源の存在を期待させる

図 3-27　環境選好マトリックス

3.6. 組織・社会的な側面に関する特性

3.6.1. 組織や集団の方針

　山岡は HMI の 5 側面における運用的側面における検討事項として、(1) 組織の方針、(2) 情報の共有化、(3) メンバーの活性化を挙げている [1]。ここでいう組織の方針とは、組織のメンバーが何をすればよいかという方針（コンセプト）を示し、浸透させることである。組織や集団の方針には、その組織・集団が何を達成すべきなのか、どうあるべきなのかという目標が含まれるが、集団目標が明瞭でメンバーを動機付けるものであることは、集団が生産性を高めるための 1 つの条件であるとされている [45]。さらに Likert はメンバー自身が集団目標の形成に関与し、各メンバーの価値や要求が統合的に表現されていることで集団目標達成のための動機付けとしている [45]。

3.6.2. 集団に関する心理特性
▌同調圧力

　集団のメンバーが、その集団に受け入れられたいと望み、集団の規範に同調する傾向になることを、同調圧力という。これによりほかのメンバーの思考や行動を規範として、同じ行動を取る。集団が個々のメンバーに強いプレッシャーを与えると、集団の基準に合致するような態度を取ったり行動に変化が生じたりする。学校や会社などにおいて「周りの友人や同僚がみんなそういう意見なら」と、周りに流されて自分の意見を変えてしまったということなどがこれに当たる。

▌内集団バイアス

自分の所属する集団を内集団と言い、その集団内のメンバーを外集団のメンバーよりも高く評価したり、好意的に感じたりすることを内集団バイアスと言う。この内集団バイアスが強いと、外集団に非好意的・攻撃的になり、さらには差別にもつながる。

▌根本的な帰属の誤り

根本的な帰属の誤りとは、自分自身や内集団のメンバーがうまくいった時は自分たちの能力（内的要因）によるものだと考え、一方でほかの人や外集団のメンバーがうまくいった時は周囲の状況や環境のおかげ（外的要因）と考えることである。失敗に対しても同様で、内集団に対しては周囲の状況や環境のせいで仕方なかったこととし、外集団に対してはそのメンバー自身に原因があると考えてしまう傾向のことである。

▌グループシンク

グループシンク（集団浅慮）とは、集団が持つ同調圧力、内集団の過大評価、独自ルールの押し付けなどさまざまな圧力によって、個人で意思決定するよりもかえって不合理な意思決定をしてしまうことを言う。特に、メンバーに多様性がない、集団への拘束力が強い、閉鎖的な集団である、特定の人の知識や権力が強い、といった状況においてグループシンクは起こりやすい。例えば、自動車メーカー各社で相次いだ検査における不正は、スケジュールやコストへの強いプレッシャーや上司に反論できない雰囲気などによってグループシンクが起こってしまったことが1つの要因と言えるだろう。

▌社会的手抜き

集団で何らかの作業をする際に、各個人のパフォーマンスや努力量が、単独で作業を行う場合よりも低下してしまうことを社会的手抜きまたはフリーライダー効果（タダ乗り）と言う。これは「ほかの人が頑張ってくれるから」とか「自分がやらなくても目立たないから」といった心理や、「周りもやっていないから」という同調圧力によって起こる。この社会的手抜きを提唱したRingelmannの実験によると、複数人で綱引きをした時に、綱を引く人数が増えるほど1人が綱を引く力は減少したと報告されている。

3.6.3. 組織の中でのコミュニケーション

コミュニケーションを円滑に行うには、お互いの伝えたいことが「わかる」必要がある。しかし、「わかる」かどうかは情報の受け手の特性によっても変わるので、同じ説明であってもわかる人とわからない人がいる。3.3.5 節で述べたメンタルモデル（図 3-13）の考え方を当てはめると、情報の送り手は自分自身の持つメンタルモデルに基づいて、言語・図・ジェスチャーなどで伝えたいメッセージを表す。情報の受け手はそのメッセージを自分のメンタルモデルに基づいて解釈する。ここでうまく同化と調節ができれば相手の伝えたいメッセージがわかるようになる。これは図 3-13 で示した UI のデザインと同様で、送り手と受け手のメンタルモデルに乖離があると、メッセージの理解が難しくなる。

組織内での効果的なコミュニケーションを阻む要因としては、以下のようなものが挙げられている [46]。

- 情報にフィルタをかける：送り手の情報操作によって、受け手が得られる情報や印象は変わる。縦方向の階層が多い組織だと、フィルタがかけられる可能性が高くなる。
- 受け手の関心や考え方：3.3.4 節で述べた注意機能により、人は自分にとって重要度の高い情報や関心の高い情報を選択的に入手する。また、人は都合のよい情報ばかりを無意識に集める傾向にある（確証バイアス）。同じ情報を伝えても、こうした特性や受け手の関心、考え方によって情報の捉え方は異なる。
- 情報過多：やり取りされる情報が多すぎると、選定したり、無視したり、見過ごしたりしてしまう。
- 感情：受け手の感情によって違った解釈になることがある。例えば、怒っている時と幸せな時とでは同じことを言われても解釈や反応は変わる場合が多い。
- 言語：年齢、教育歴、文化的背景などによって言葉の捉え方は異なる。また、組織独自の用語や技術的な専門用語などは相手によっては伝わらない。送り手が発する言葉の意味が受け手にとって同じ意味であるとは限らない。

3.6.4. 動機付け

　動機付けとは、人が行動を起こし、それを方向付け、持続させる目標志向の心理プロセスのことであり、図 3-28 のように不快（負の目標）からの回避と快（正の目標）への接近として表すことができる [47]。本項では、何によって人が動機付けられるかということについての代表的な知見をいくつか紹介する。

図 3-28　動機付け [14]

▍欲求階層説 [48]

　Maslow によると人には 5 つのタイプの欲求があり、これらは図 3-29 のような階層になっている。これを欲求階層説といい、このモデルでは低次の欲求が満たされると、次の高次の欲求が現れるとされている。同図で生理的欲求とは生命維持のために必要な欲求、安全欲求とは苦痛や危険などを避けて平穏・安全に過ごしたいという欲求、所属と愛の欲求とは家族・職場・地域などに所属し他者と良好な関係を築きたいという欲求、自尊欲求とは自分自身や他者から尊敬や高い評価を得たいという欲求、自己実現欲求とは何かを成し遂げたいとか、なりたい自分になりたいという欲求のことである。

　しかし、Maslow の欲求階層説は必ずしも実証されているわけではなく、Alderfer はこれらを 3 つに集約した ERG モデルを提唱している。このモデルは、物質的・生理的な欲求である生存欲求（E: existence）、自分にとって重要な人々との関係を良好に保ちたいという関係欲求（R: relatedness）、自分の環境に創造的・生産的影響を与えようとする成長欲求（G: growth）の 3 つの欲求から成る。Maslow の欲求階層説との差異としては、図 3-29 のように高次の欲求が現れたら低次の欲求が低下するのではなく、これらは併存し得るということがある。また、高次の欲求が満たされない場合には、低次の欲求が強まるという退行現象が生じ得るとされている。

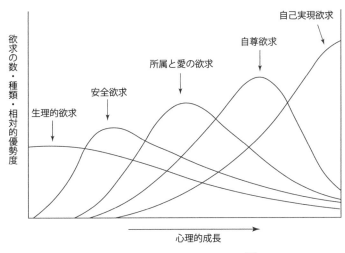

図 3-29　Maslow の欲求階層説 [15]

▌内発的動機付けと外発的動機付け [48]

　動機付けには、内発的動機付けと外発的動機付けがある。内発的動機付けとは、行動そのものが目的となる動機付けである。これに対し外発的動機付けというのは、金銭的な報酬など活動そのものとは別の動機がある場合である。例えば、人間工学が面白くて、これをよく学びたいから授業を頑張るというのは内発的動機付けに当たるが、卒業するためには単位が必要で単位が欲しいので頑張る、というのが外発的動機付けに当たるだろう。これらに関して、もともと内発的動機付けに基づいて行われていた自発的な活動に対して外的な報酬を与え続けてその報酬を取り去ると、報酬を与える前よりも内発的動機付けが低下してしまうというアンダーマイニング効果や、これとは逆に、外発的動機付けによって始めた行動でも、行動しているうちに内発的動機付けが高まるエンハンシング効果などがある。

▌自己決定理論 [49]

　内発的動機付けが高まる過程については自己決定理論によって説明される。自己決定理論では以下のようにまったく動機付けがない状態から内発的動機付けが得られるまでの状態を、自己決定の度合が異なる 6 段階に分けている。
　1. 無動機付け：取り組むことに意味を見出していない
　2. 外発的動機付け（外的調整）：報酬の獲得や罰の回避のための動機付け

（例：勉強をしないと怒られる）

3. 外発的動機付け（取り入れ的調整）：自尊心の維持、羞恥心や罪悪感の回避などに基づいて、消極的ではあるがその行動の価値を取り入れた動機付け（例：勉強ができないと恥ずかしい）

4. 外発的動機付け（同一視的調整）：活動の価値を自分自身のものとして受け入れている動機付け（例：受験に合格するためには勉強する必要がある）

5. 外発的動機付け（統合的調整）：活動の価値を認めることと、自分自身の欲求によることの調和がされた動機づけ（例：自分の将来の夢のためには勉強が必要）

6. 内発的動機付け（内的調整）：活動そのものの興味や楽しみに基づく動機付け（例：勉強している内容に興味がある）

　また自己決定理論では、内発的動機付けのためには、（1）自律性への欲求（自分の経験や行動を自らの意思で決定したいという欲求）、（2）有能感への欲求（環境の中で効果的に自分の力を発揮し、自分の有能さを示したいという欲求）、（3）関係性への欲求（他者と良好な関係を形成し、他者からケアされたり、他者のために貢献したりしたいという欲求）が満たされる必要があるとしている。

▌制御焦点理論と制御適合理論 [50]

　制御焦点理論とは、目標を達成するための動機には促進焦点と予防焦点の2つがあるというもので、この焦点の状態によってどのような行動・方略で目標達成をしようとするかが変わる。促進焦点は、利得の存在に接近し、利得の不在を回避することを志向する。一方、予防焦点は、損失の不在に接近し、損失の存在を回避することを志向する。例えば、ダイエットについて考えると、促進焦点の場合は「スリムになる」に接近（「スリムになれない」を回避）することを志向し、予防焦点の場合は「太らない」に接近（「太る」を回避）することを志向するということになる。

　そして、各人が持つ制御焦点に適合した目標達成のための方略が取られた時に（焦点と方略が合致した時に）適合が生じ、動機付けやパフォーマンスが向上するとされている。制御焦点理論を発展させ、適合の概念を加えたこの理論を制御適合理論という。目標達成の方略は熱望方略と警戒方略に分けられる。熱望方略は利得の獲得を最大化する方略であり、警戒方略は損失を最小化する

方略である。制御焦点と各方略の対応は図3-30のようになり、「促進焦点×熱望方略」および「予防焦点×警戒方略」の場合に制御適合となり、その行動の価値を高く感じ、動機付けやパフォーマンスの向上につながる。

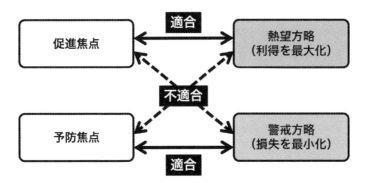

図3-30　制御適合理論

引用

(1) 山岡俊樹（編・著）、岡田明・田中兼一・森亮太・吉武良治（2015）デザイン人間工学の基本、武蔵野美術大学出版局、28-29
(2) 山岡俊樹（編・著）、岡田明・田中兼一・森亮太・吉武良治（2015）デザイン人間工学の基本、武蔵野美術大学出版局、93
(3) 山岡俊樹（編・著）、岡田明・田中兼一・森亮太・吉武良治（2015）デザイン人間工学の基本、武蔵野美術大学出版局、100
(4) エティエンヌ・グランジャン（著）、中迫勝・石橋富和（訳）（2002）オキュペーショナルエルゴノミックス 快適職場をデザインする、ユニオンプレス、14
(5) エティエンヌ・グランジャン（著）、中迫勝・石橋富和（訳）（2002）オキュペーショナルエルゴノミックス 快適職場をデザインする、ユニオンプレス、62
(6) エティエンヌ・グランジャン（著）、中迫勝・石橋富和（訳）（2002）オキュペーショナルエルゴノミックス 快適職場をデザインする、ユニオンプレス、64
(7) エティエンヌ・グランジャン（著）、中迫勝・石橋富和（訳）（2002）オキュペーショナルエルゴノミックス 快適職場をデザインする、ユニオンプレス、25-26
(8) 三浦利章（2007）2、運転時の視覚的注意と安全性、映像情報メディア学会、61（12）、1689-1692
(9) 山岡俊樹（編・著）、岡田明・田中兼一・森亮太・吉武良治（2015）デザイン人間工学の基本、武蔵野美術大学出版局、77
(10) 山岡俊樹（編・著）、岡田明・田中兼一・森亮太・吉武良治（2015）デザイン人間工学の基本、武蔵野美術大学出版局、72

⑾ Redelmeier, D.A., Kahneman, D.(1996) Patients' memories of painful medical treatments: real-time and retrospective evaluations of two minimally invasive procedures. Pain 66, 3-8

⑿ 日本建築学会(編)(1978)建築設計資料集成　1 環境、丸善出版、73

⒀ 浅居喜代治(編・著)(1980)現代人間工学概論、オーム社、151

⒁ 上淵寿・大芦治(編・著)(2019)新・動機づけ研究の最前線、北大路書房、2

⒂ 佐々木土師二(編)(1996)産業心理学への招待、有斐閣ブックス、23

参考文献

[1] 山岡俊樹(編・著)、岡田明・田中兼一・森亮太・吉武良治(2015)デザイン人間工学の基本、武蔵野美術大学出版局、19–27

[2] 山岡俊樹(編・著)、岡田明・田中兼一・森亮太・吉武良治(2015)デザイン人間工学の基本、武蔵野美術大学出版局、98

[3] エティエンヌ・グランジャン、中迫勝・石橋富和(訳)(2002)オキュペーショナルエルゴノミックス 快適職場をデザインする、ユニオンプレス、55

[4] ロバート・F・シュミット (編)、岩村吉晃・酒田英夫・佐藤昭夫・豊田順一・松裏修四・小野武年(共訳)(1980)感覚生理学、金芳堂、80

[5] 藤崎和香(2021)多感覚が捉える世界、日本音響学会誌、77(3)、180-185

[6] Ho, C., Reed, N., Spence, C.(2007) Multisensory in-car warning signals for collision avoidance, Human Factors, 49(6), 1107-1114

[7] Atkinson, R.C., Shiffrin, R.M.(1968) Human memory: A proposed system and HS control processes. In K.W.Spence, J.T.Spence(Eds.), The psychology of learning and motivation : Advances in research and rheory, 2 , New York: Academic Press, 89-195

[8] Miller, G.(1956) The magical number seven, plus or minus two: Some limits on our capacity for processing information, Psychological Review, 63(2), 81-9

[9] Cowan, N.(2001) The magical number 4 in short-term memory: A reconsideration of mental storage capacity. Behavioral and Brain Science, 24(1), 87-114

[10] 苧阪満里子(2002)ワーキングメモリ　脳のメモ帳、新曜社

[11] 箱田裕司・都築誉史・川畑秀明・萩原滋(2010)認知心理学、有斐閣、67-68

[12] 三浦利章(2007)運転者の知覚・認知能力の診断と補償 2、運転時の視覚的注意と安全性、映像情報メディア学会、61(12)、1689-1692

[13] Wickens, C.D., Sandry, D.L., Vidulich, M.(1983) Compatibility and Resource Competition between Modalities of Input, Central Processing, and Output, Human Factors, 25(2), 227-248

[14] Wickens, C.D.(2002) Multiple resources and performance prediction, Theoretical Issues in Ergonomics Science, 3(2), 159-177

[15] Neisser, U., Becklen, R.(1975) Selective looking: attending to visually specified events, Cognitive Psychlogy, 7, 480-494

[16] Hirst, W., Kalmar, D.(1987) Characterizing attentional resources, Journal of Experimental Psychology: General, 116, 66-81

[17] Meiran, N., Chorev, Z., Sapir, A.(2000) Component processes in task switching, Cognitive

Psychology, 41, 211-253

[18] 箱田裕司・都築誉史・川畑秀明・萩原滋(2010)認知心理学、有斐閣、192-201

[19] Norman, D.A.(1988) The psychology of everyday things, Basic Books

[20] Preece, J., Rogers, Y., Sharp, H., Benyon, D., Holland, S., Carey, T.（1994）Human-Computer Interaction, pp.123-139, Addsion-Wesley Publishing Company

[21] 海保博之 (1988) こうすればわかりやすい表現になる 認知表現学への招待、福村出版、102

[22] ハーバート・A. サイモン、稲葉元吉・吉原英樹(訳)(2015?)システムの科学 第3版、パーソナルメディア

[23] ダニエル・カーネマン、村井章子 (訳) (2014) ファスト & スロー あなたの意志はどのように決まるか?(上)、早川書房

[24] 山裕嗣 (2022) 二重過程理論：内省は直感を制御できるのか、認知科学、29 (3)、343-353

[25] M. H. ベイザーマン、D.A. ムーア、長瀬勝彦(訳)(2011)行動意思決定論 バイアスの罠、白桃書房、10-68

[26] 箱田裕司、都築誉史、川畑秀明、萩原滋(2010)認知心理学、有斐閣、290-291

[27] Norman, D.A., Draper, S.W.（Eds）(1986) User Centered System Design–New Perspective on Human-Computer Interaction, Lawrence Erlbaum Associations

[28] Card, S.K., Moran, T.P., Newell, A.（1986）The model human processor–An engineering model of human performance, Handbook of perception and human performance, 2, 45-51

[29] J. ラスムッセン、海保博之・赤井真喜・加藤隆・田辺文也 (訳) (1990) インタフェースの認知工学―人と機械の知的かかわりの科学、啓学出版

[30] エティエンヌ・グランジャン、中迫勝・石橋富和(訳)(2002)オキュペーショナルエルゴノミックス 快適職場をデザインする、ユニオンプレス、236-247

[31] 一川誠(2016)「時間の使い方」を科学する、PHP 新書、18-24

[32] 岡田光正(1993) 建築人間工学 空間デザインの原点、理工学社、120-121

[33] 一川誠(2016) 「時間の使い方」を科学する、PHP 新書、183-187

[34] ダニエル・カーネマン、村井章子 (訳) (2014) ファスト & スロー (下) あなたの意志はどのように決まるか?、早川書房、263-266

[35] Doi, T., Doi, S., Yamaoka, T.（2022）The peak-end rule in evaluating product user experience: The chronological evaluation of past impressive episodes on overall satisfaction, Human Factors and Ergonomics in Manufacturing & Service Industries, 32(3), 256-267

[36] 一川誠(2016)「時間の使い方」を科学する、PHP 新書、34-38

[37] 羽生和紀(2008)環境心理学 人間と環境の調和のために、サイエンス社、50-52

[38] Panasonic 光源の光色と演色性について、https://www2.panasonic.biz/jp/lighting/plam/manual/basic/light-color-rendering/

[39] エティエンヌ・グランジャン、中迫勝・石橋富和(訳)(2002)オキュペーショナルエルゴノミックス 快適職場をデザインする、ユニオンプレス、321-345

[40] 浅居喜代治(編)(1980)現代人間工学概論、オーム社、147-161

[41] 羽生和紀(2008)環境心理学 人間と環境の調和のために、サイエンス社、17-41

[42] 海保博之(監)、佐古順彦・小西啓史(2007)環境心理学、朝倉書店、32-33
[43] 本山友衣、羽生和紀 (2015) パブリックアートが都市景観の印象に与える影響、人間・環境学会誌、17(2)、1-10
[44] 徐中芃、下村彰男 (2013) 景観選考に関する評価因子の統合性、ランドスケープ研究、76(5)、527-532
[45] 佐々木土師二(編)(1996)産業心理学への招待、有斐閣ブックス、39-40
[46] スティーブ・P. ロビンス、高木晴夫 (訳)(2009)新版　組織行動のマネジメント―入門から実践へ、ダイヤモンド社、247-250
[47] 上淵寿・大芦治(編・著)(2019)新・動機づけ研究の最前線、北大路書房、1-2
[48] 開本浩矢(編・著)(2019)組織行動論、中央経済社、25-33
[49] 上淵寿・大芦治(編・著)(2019)新・動機づけ研究の最前線、北大路書房、45-73
[50] 上淵寿・大芦治(編・著)(2019)新・動機づけ研究の最前線、北大路書房、109-114

4. ユーザーを捉える観点

4.1. ユーザーを理解する重要性

　デザイナーがユーザーについての二次的理解を形成するためには、ユーザーと会話し、またユーザーを観察し、ユーザーの特性や利用状況を捉える必要がある。ここで一点注意が必要なのが、二次的理解に基づいたモノ・コトづくりとは、単にユーザーの言ったことをそのまま作ることではない、ということである。ユーザーに話を聞く中で、ユーザーは「こんな製品が欲しい」「こんな機能があれば便利だと思う」「こんな風に変更してほしい」などさまざまなことを言うだろう。こうした意見は、ユーザーの考えや思いを反映しているので重要なことではあるが、そのまま設計に反映してよりよいものができるかというと、そうとは限らない。ユーザーは専門家ではないし、必ずしも本当の自分のニーズに気付いているとは限らない。

　重要なのは、ユーザーがこうした意見を言う背景にどんな潜在的なニーズがあるのかを考えることである。つまり、ユーザーにとって真に価値あるモノ・コトを提供するには、深くユーザーを理解し、そこから得た気付きに基づく発想が必要なのである。ユーザーは多様であり、その特性や利用状況を理解するためには、どういった観点からユーザーの多様性が捉えられるかについての知識が必要になる。ユーザーを理解するための具体的な手法については10章で述べるが、本章ではユーザーの多様性を捉える観点を説明することとする。

4.2. ユーザーとは

　ISO/IEC25010によると、ユーザーとは「システムの利用によって便益を得る個人またはグループ」と定義されている [1]。この定義では、ユーザーは図

4-1 のように分類される。直接ユーザーとは、直接、製品やシステムとやりとりする人のことを指し、さらに一次ユーザーと二次ユーザーに分けられる。一次ユーザーは一次的な目標を達成するためにやり取りする人、二次ユーザーは一次ユーザーが適切にやり取りできるようにシステムへのサポートを提供する人である。また間接ユーザーとは、製品やシステムと直接やりとりはしないが、その出力を受け取る人である。例えば、大学での学習管理システムを考えると、教材を提供するために操作する教員や学習に利用する学生は一次ユーザーにあたり、学習管理システムの準備やメンテナンスをする事務担当者やシステム提供会社の担当者が二次ユーザーに当たる。また、システムの利用状況や授業の実施状況について報告を受ける管理部門の職員は間接ユーザーとなる。

図 4-1　ユーザーの種類

4.3. 利用状況（Context of Use）

　モノ・コトを使うユーザーはさまざまな特性を持ち、それぞれの状況に応じた相応の使い方をする。例えば、ノートパソコンについて考えてみると、小学生が授業で使う場合、会社員がオフィス内で使う場合、病院などの施設内に持ち運んで使われる場合、カフェでの仕事で使う場合などさまざまな状況が想像できるだろう。当然ながら、このそれぞれの状況においてユーザーの要求事項は異なる。どういったモノが使いやすいのか、どういったモノに価値があるのか、は利用状況による。そして、こうした利用状況を理解することが、価値あるモノ・コトの開発につながるのである。

　先ほどの例のように、ノートパソコンの事例として以下のようなものがある[2]。ある時大学生からノートパソコンが壊れたという報告があったという。この原因を探るためユーザーの利用の仕方を調べたところ、大学の教科書など重く分厚い専門書をノートパソコンと一緒にリュックに入れて持ち運んでいるということがわかった。こうした使い方は当初想定されていなかったため、以降はこうした使い方に対する耐久性を持たせた製品設計や耐久性テストが行われ、同様の故障が起こることはなくなったそうである。こうした例からもわかるように、開発者だけで考えてもユーザーの利用状況を理解するのには限界があり、正しく利用状況を理解しないとモノ・コトの設計や評価の指針が立てられないのである。

　ISO9241-11 の定義に基づいて考えると、以下の4点を包括して利用状況と言う。ユーザーを捉えるといっても、モノ・コトのデザインを考えるに当たっては、ユーザーだけを見るのではなく、そのユーザーが達成したい目的やそのための行為、またそれがどんな環境で使われ、行われるかを含めて捉える必要がある。

(1) ユーザー：誰が使うか？

　誰が使うのか、またその年齢、性別、嗜好、動機などの特性はどんなものか、特定の知識やスキルを有しているのか、有しているならその程度はどうか、一次ユーザー以外にどんな人が関連するか、などユーザーについての特徴やニーズがこれに当たる。

(2) タスク：どんな作業をするか？

どんな目的・目標があるのか、作業内容や手順はどうか、また作業の頻度や期間はどうか、などユーザーがどのように目的を達成するかということがこれに当たる。

(3) 設備：どんなモノ・コトを使うか？

タスクを実施するうえで関連する製品やサービス、ウェブサイトや取扱説明書などハードウェア、ソフトウェア、サービスを問わず、関連するモノ・コトすべてがこれに当たる。

(4) 環境：どんな環境で使うか？

物理的環境としては、作業場所の温熱環境、音環境、照明環境、空間構成、家具や道具などがあり、社会的環境としては、組織、コミュニティ、文化などがある。

4.4. ユーザーの多様性を捉えるさまざまな側面

ここではユーザーを理解するための側面を、人口統計学的特性、身体的・感覚的特性、心理的・社会的特性、状態の4つの観点から述べる。ただし、ここで述べる側面はあくまでも比較的よく考慮される側面として取り上げるもので、デザイン対象のモノ・コトに応じて異なる側面からユーザーを見ないといけないことや、より詳細に捉えないといけないことに留意してほしい。また、ここで述べる特性すべてを常に考慮する必要があるという意味でもない。ユーザーとは多様なものであり、ここで述べる側面はそれを捉えるための1つの見方であると理解してもらえるとよい。

4.4.1. 人口統計学的特性

▌年齢

年齢の違いは、身体寸法（体格）、運動能力、感覚特性、認知機能、価値観などさまざまな特性の違いに反映される。特に、子どもと高齢者は個人差も大きく、一概に年齢だけでその特性を把握することは難しいので、よく検討する必要がある。例えば、20～40代くらいの若年者しか想定せずに作られたモノ・コトは、子どもや高齢者にとって必ずしも同じように使えるわけではないということは念頭に置く必要がある。高齢者や子どもの一般的な特性については、

7.2 節で触れる。

▌性別

性別については、その違いは特に身体・生理的側面によく表れる。こうした点を考慮しないと、ある性別の人にとって使いづらかったり有効でなかったりするデザインに陥る可能性がある。このほかにも、時代背景や文化的側面からいずれかの性別（多くの場合、男性）を中心に設計されたモノ・コトがあることは否定できない。こうしたモノ・コトは女性（もしくは男性）の不利益・排除につながるという点を認識し、性別による多様性に配慮する必要がある。

▌そのほか

上で挙げた年齢、性別のほか、居住地域、職業、収入、学歴、家族構成などがある。

4.4.2. 身体的・感覚的特性

▌身体特性

身長や体重、人体各部の寸法や角度、関節の可動範囲、各部の筋力などがこれに当たる。例えば、身長が異なると家具等の適した高さは異なるし、上腕や前腕の寸法や可動範囲が異なると作業域は異なる。

▌感覚特性

視覚や聴覚といった各種感覚の特性である。各感覚の基本的特性については3.3 節で、また各感覚に制限がある場合の特性や配慮事項は 7 章で言及している。

▌利き手

おおむね 8 ～ 9 割の人が右利きで、それ以外の人が左利き、もしくは両利きであると言われている [3]。右利きを前提として作られた製品が多いが、そうした製品はそれ以外のユーザーにとっては使いやすいわけではない。例えば、電車の自動改札は右側にカードをかざす部分があり、左手ではタッチしづらい。

▌機能制限

機能制限は、心身の機能に何らかの制限があるか、その程度・性質はどういったものか、ということである。障害があるかどうかとも言えるが、本書では岡田 [4] の考えに則って機能制限と表現することとした。これは 7 章でも説明するとおり、障害というのは人とモノ、環境や社会制度との不適合が生み出

すものであり、人の心身の特性によるものではないという考えなどに依拠している。

4.4.3. 心理的・社会的特性

▌性格

性格とは、心理学分野においては個人を特徴づける持続的で一貫した行動様式、とされている [5]。性格は、モノ・コトとやりとりする際のユーザーの嗜好や行為に少なからず影響を及ぼすと考えられる。性格を分類する特性として最も有名なものに、ビッグファイブ性格特性 [6] がある。これは外向性、協調性、誠実性、神経症的傾向、開放性の 5 次元で性格特性を捉えるものである。ただし、性格の捉え方はさまざまであるし、デザイン対象によって考慮すべき特性も異なってくるであろう。

▌価値観

価値観は、性格とも似た概念であるが、ここでは特にユーザーが何に価値を見出すかということを指す。各個人が独自に一貫した意思決定をするための判断基準になるものと言える [7]。普遍的な価値体系の分類として、Rokeach の価値尺度 [8]（表 4-1）や Schwartz の価値観モデル [9]（図 4-2）などがある。Rokeach の価値尺度における究極価値とは個人が求める望ましい状態であり、道具的価値とは望ましい行動様式を表す。Shwartz の価値観モデルは、人の普遍的な 10 の要求事項であり、4 つの高次の価値から成る。これらは、具体的なモノ・コトのデザインを考えるうえでは、普遍的・抽象的すぎるかもしれないが、ユーザーが感じる具体的な価値の根源としては参考になるだろう。

表 4-1　Rokeach の価値尺度 [8]

究極価値		道具的価値	
快適な生活	内面の調和	野心	創造的な
刺激的な生活	成熟した愛	寛容	独立の
達成感	国家の安全	能力	聡明な
世界平和	喜び	ほがらかな	論理的
美しい世界	救い	清潔な	愛情深い
平等	自尊	勇気のある	従順な
家族の安全	社会的認知	容赦	礼儀正しい
自由	本当の友情	協力的な	責任感のある
幸福	賢さ	正直な	自制

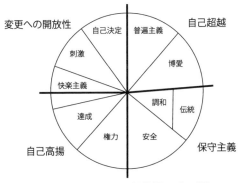

図 4-2　Schwartz の価値観モデル [9]

▌認知機能

認知機能とは、3.3 節で述べた感覚・知覚特性、注意、記憶、知識などといったユーザーの認知情報処理に関する機能である。特に、想定されるユーザーがどんなメンタルモデルを持っているかを考えることは、エラーしにくさや使いやすさを考えるうえで重要になる。また錯覚などに代表されるように、多くの人に共通する傾向もあるが、個人差も大きい。例えば、知識の 1 つの形でもあるメンタルモデルは、ユーザー個人の勝手な心的モデルであるため個人差は大きいが、普遍性がありユーザー間で共通する部分もある。

▌習熟度、知識・経験

デザイン対象のモノ・コトについて、またはそれに関連する事柄についてユーザーがどの程度の習熟度であるか、どれくらい知識・経験を持っているかによって、利用目的、利用の仕方や利用状況は変わってくる。身体的な技能に関する習熟度（例えば、パソコンのキーボードのタッチタイピング）もあれば、知識面での習熟度（例えば、パソコンを使いこなす能力）もある。

▌感度の高さ・好奇心

感度の高さ・好奇心とは、新しい製品やサービスに対してユーザーがどういった態度かということである。この点については、イノベーター理論 [10] が参考になる。これは製品やサービスが市場へ普及していく過程を示したモデルであり、図 4-3 のように普及率を基にユーザーを 5 層に分けて考える。各カテゴリの特徴を簡単に述べると、以下のようになる [11]。イノベーターは新しい概念を試すことを好む。アーリーアダプターは高いオピニオンリーダー性を持

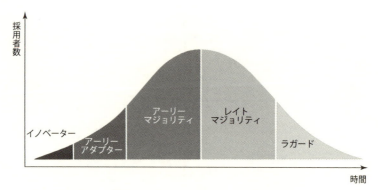

図 4-3　製品やサービスの普及率と時間経過の関係

ち、情報を積極的に発信する。アーリーマジョリティは新しいものの導入に比較的慎重であり熟慮するが、古いものから乗り換えるのに遅れたくないと考える。レイトマジョリティは新しいものに懐疑的であり、過半数が導入しないと新しいものを導入しない。ラガードは最も保守的・伝統的であり、過去を重視して意思決定をする。

▍文化

　文化とは国、民族や組織などのある集団における特徴である。文化が異なるとモノ・コトへの捉え方も異なる。代表的な例としては、文化によって色が表す意味は異なるし [12]、インタフェースデザインの特徴も異なる [13]。文化差を捉える代表的な考え方としては、Hofstede の 6 次元モデルがある [14]。これは、(1) 権力格差、(2) 集団主義 / 個人主義、(3) 女性性 / 男性性、(4) 不確実性の回避、(5) 短期志向 / 長期志向、(6) 人生の楽しみ方、の 6 次元で国ごとの文化差を捉えるモデルである。またハイコンテクスト文化か、ローコンテクスト文化か、という観点もある [15]。ハイコンテクストというのは、コミュニケーションにおいて文化的背景、知識、暗黙の了解、声や表情、空気を読む、などといった言語以外の要素（コンテクスト：文脈）が重要になる文化であり、ローコンテクストというのはこの逆で、言語によるコミュニケーションを重視するものである。

▍目標や求める水準

　目標や求める水準とは、ユーザーがどういう目標を持っているかということや、デザイン対象にどういった水準を求めるかということである。例えばカメ

ラでいえば、日頃のちょっとした記録にカメラを使いたいユーザーと、趣味で風景写真を撮りたいユーザーでは目標や求める水準は異なる。また調理器具で言えば、子どもと料理を楽しみたいユーザーと、レストランで顧客にふるまいたいユーザーでは目標や求める水準はまったく異なる。

4.4.4. 状態

▌精神状態

疲労、眠気、退屈であるとか、緊張・切迫の状態である場合などに万全のパフォーマンスが発揮できないことが容易に想像できるように、ユーザーの精神状態も考える必要がある。こうした状態を捉える代表的な人間工学の観点として覚醒水準がある。覚醒水準とは人間の意識レベルを表すものであり、脳の賦活・抑制状態を反映する（表4-2）。表4-2のように、意識レベルは低くても高くてもパフォーマンスの低下やエラーの増加につながる。例えば、単調な作業が続いたり、疲労状態にあったりすると覚醒水準が低下し、パフォーマンスの低下、エラーの増加や意欲の低下につながる（例：自動車の居眠り運転）。

表4-2 意識レベルとその概要 [16]

フェーズ	意識の状態	生理的状態	注意の作用
0	無意識、失神	睡眠・脳発作	ゼロ
I	意識ボケ	疲労、単調、眠気、酒酔い	不注意
II	正常、リラックス	安静起居、休息、定常作業時	心の内方へ
III	正常、明晰	積極活動時	前向き
IV	過緊張	感情興奮時、パニック状態	1点に固執

▌一時的状態

荷物を持っている、片手がふさがっている、子どもを連れているなどの状態は一時的ではあるが、ユーザーの行動に影響を与える。

▌健康状態

妊娠、けが、病気などがあれば、そうでない時と比べ、ユーザーが取れる行動に制限が生じるし、嗜好にも影響を与える。

▍経済状態

モノやサービスを購入したり、継続的に課金したりするためには経済的な状態が関連する。

参考文献

[1] 黒須正明(編・著)、松原幸行・八木大彦・山﨑和彦(編)(2013)HCD ライブラリー第1巻 人間中心設計の基礎、近代科学社、9-10

[2] +Digital.(2015)レノボ最強の WS「ThinkPad P」、過酷な「大和研究所」拷問試験の模様を見てきた、https://news.mynavi.jp/article/20151130-thinkpad/（閲覧日：2024年12月23日）

[3] 知的ギャラリー(2023)日本人のスマホの持ち方は独特？―国際調査でみるスマホ操作の国別傾向 https://gallery.intage.co.jp/smartphone-operation/（閲覧日：2024年12月23日）

[4] 岡田明・後藤義明・八木佳子・山崎和彦・吉武良治(編・著)(2016)初めて学ぶ人間工学、理工図書、139-141

[5] 中島義明・安藤清志・子安増生・坂野雄二・繁桝算男・立花政夫・箱田裕司（編）(1999)心理学辞典、有斐閣

[6] 村上宜寛(2003)日本語におけるビッグ・ファイブとその心理測定的条件、性格心理学研究、11(2)、70–85

[7] 井上知子・三川俊樹・芳田茂樹（1993）価値観測定の研究と方法についての文献展望、追手門学院大学文学部紀要、27、1-19

[8] 廣瀬春次(1998)価値研究の最近の動向と課題、鹿児島県立短期大学紀要、49、45-55

[9] Schwartz, S.H.（2012）An Overview of the Schwartz Theory of Basic Values. Online Readings in Psycholgy and Culture, 2(1)

[10] エベレット・ロジャーズ、三藤利雄(訳)(2007)イノベーションの普及、翔泳社

[11] 堀川新吾(2023)イノベーター理論とキャズムに関する考察、名城論叢、23(3-4)、35-57

[12] Russo, P., Boor, S.（1993）How fluent is your interface? Designing for international users. In: Proceedings of INTERCHI 1993, 342-347

[13] Doi, T. ,Murata, A.（2019）Cross-cultural analysis of top page design among Brazilian, Chinese, Japanese and United States web sites, In: Goosens R.H.M., Murata A.（Eds.) Advances in Social and Occupational Ergonomics. AHFE2019. Advances in Intelligent Systems and Computing, 970, 609-620

[14] G. ホフステード、G.J. ホフステード、M. ミンコフ、岩井八郎・岩井紀子（訳）(1995) 多文化世界―違いを学び共存への道を探る 原書第3版、有斐閣

[15] エドワード・T. ホール、岩田慶治・谷泰(訳)(1993)文化を超えて 新装版、阪急コミュニケーションズ

[16] 橋本邦衛(1979)安全人間工学の提言、安全工学、18(6)、306-314

5. 使いやすい UI のデザイン

5.1. ユーザインタフェース（UI）とは

Interface とは「接する面（境界面、界面、接面）」という意味であり、ユーザインタフェース（UI: user interface）とはユーザーと人工物の接面のことである。そのほかヒューマン・マシン・インタフェースや、ヒューマンインタフェースといった類似の言葉があるが、いずれも同様の意味である（使われる文脈によって多少ニュアンスが違う場合もあるが）。そして、人と人工物がインタフェースを介して何らかのやりとりをすることをインタラクション（interaction）という。このユーザーと人工物とのやりとりというのは、直接的に触れることだけを意味するのではなく、人工物の表示部から受容器（目や耳など）を通して情報を入手し、その内容を理解・判断し、そして何らかの効果器（手や足など）で人工物の操作などの出力を行うことすべてを含む（図 5-1）。この図 5-1 のように、人と人が操作する人工物を 1 つのシステムとして捉える考え方を、人間 - 機械系（Human-Machine Systems）と言い、人工物側だけに着目するのではなく、人を含むシステム全体の最適化を考える必要がある。

またインタフェース操作時のユーザーの認知情報処理過程については、古くからさまざまなモデルによって捉えられている。3.3 節で紹介した、Norman の行為の 7 段階モデル（淵モデル）、Card のモデル・ヒューマン・プロセッサ、Rasmussen の SRK モデルなどがその代表的なものである。こうしたモデルはユーザインタフェースの使いやすさを考えるうえで役立つ。例えば、行為の 7 段階モデルであれば、デザイン対象の人工物において 7 段階のプロセスはどう対応するか、またその中で実行の淵や評価の淵を容易に超えるための工夫がなされているか、というような観点を考えることができよう。

ユーザインタフェースを理解するうえで、佐伯 [1] が提案した二重接面性

図 5-1　ユーザーと人工物とのやりとり

という考え方がある（図 5-2）。ここで第一接面とは人間と人工物との接面であり、第二接面とは人工物と物理的なタスクとの接面である。第一接面では、ユーザーは自らの思考や心的モデル（心理的世界）に基づいて直接的に人工物に働きかけるので、ユーザーはそのインタラクションを直接理解することができる。これに対し、第二接面はユーザーからの働きかけに基づいて人工物がタスクを遂行するものである。例えば、ハサミやドライバといった道具では、第一接面と第二接面が一致しており（接面が1つしかないように感じられる）、

図 5-2　ユーザインタフェースの二重接面性

使い方や使った結果は直接理解できる。しかし、多くの電子機器においては第一接面と第二接面が乖離しており、ユーザーが第一接面を操作しても第二接面で何が行われるかは見えず、実際に遂行されるタスクを理解しづらい。例えば、スマートフォンなどの画面をタッチ操作する機器を考えてみると、ユーザーは画面上のボタンという第一接面しか操作できず、その結果であるスマートフォンの挙動（遂行されるタスク）との関係は直接見えないので操作を理解するのが難しくなる。つまりデザイナーは、この2つの接面の乖離をできるだけ小さくし、ユーザーが直感的に操作できるように考える必要がある。

5.2. ユーザビリティとは

　ユーザビリティとは「使いやすさ」のことであるが、正しく理解し、デザインに活かすためにその定義を確認しておく。ユーザビリティという概念自体は1980年代頃からあり、その定義や枠組みについてはさまざまな考え方がある。今日において最も広く浸透している定義は、ISO9241-210:2019にある「システム、製品やサービスが特定のユーザーによって、特定の目的を達成するために利用される時の、特定の利用状況下における有効さ、効率、および満足の度合い」というものだろう。ポイントとなるのは、ユーザー、利用目的、利用状況が定まらないと使えるかどうか、使いやすいかどうかはわからないということである。この定義によると、使いやすいモノ・コトをデザインするためには、有効さ・効率・満足を高めることが重要なわけであるが、これらは独立の関係にあるわけではないという点には注意する必要がある [2]。「有効さ」というのは利用目的が達せられるか否かということであり、「効率」は目的をスムーズに手間なく達成できるかどうかということである。つまり、無効な場合にはそもそも効率を検討しようがないため、有効であることが効率を考える前提としてある。さらに「満足」というのはユーザーが不愉快に思わず満足できるかどうかということであるが、ユーザーは必ずしも有効さと効率だけで満足するわけではない。

　ここで有効さ、効率、満足というユーザビリティの要素を取り上げたが、これについてはさまざまな考え方がある。上で述べた有効さ、効率、満足というISO9241-210の定義における考え方はBig Usabilityと呼ばれる。これに対して、

Nielsen はユーザビリティの要素として、学習しやすさ、効率、記憶しやすさ、エラー、満足を挙げており [3]、こちらは Small Usability と呼ばれる。このほか、ISO9126-1 では理解性、習得性、運用性、注目性、標準適合性が挙げられているなど、規格によって多少枠組みが異なる。

5.3. 情報入手しやすさのためのデザイン原則

5.3.1. トップダウン処理

人間には、過去の経験やその時の文脈から得られる期待や予想に基づいて外界の情報を知覚・理解するという特性がある。この特性を踏まえて、ユーザーの予測・期待に沿ったデザインをする必要がある。これが難しい場合には、予測・期待に沿っていないことに気付いてもらい、正しく解釈してもらうための手がかりを与えるなどの配慮が必要になる。例えば図 5-3 は、何らかのウェブサービスへの登録画面によくある同意確認の文言であるが、チェックボックスに印をつけないといけない項目が並んでいる流れでメルマガへの登録確認があると、本来登録したくなくともここまでチェックをしてきた予測・期待に沿ってそのままチェックを入れてしまうということがあるだろう。

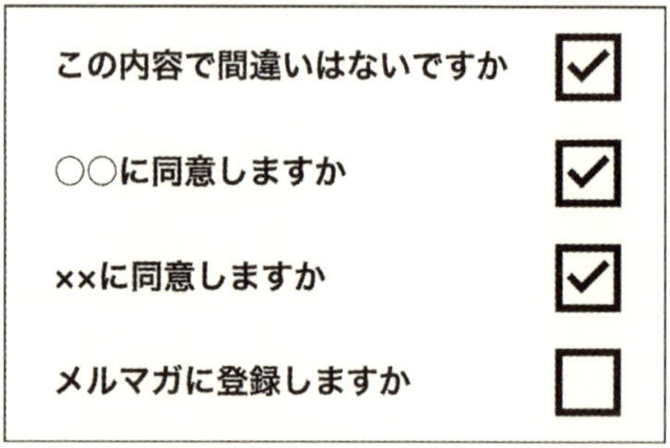

図 5-3　トップダウン処理の例

5.3.2. 手がかり

初めて接する場合や操作方法を忘れている場合に、操作や思考をするためのよりどころを与える必要がある（図 5-4）。ここでいう手がかりとは、ユーザーが次に行うべきことを示す情報である。例えば、初めて利用する駅での乗り換えなどの場合、サインや案内板を手がかりとして移動するだろう。この時、案内板に表示される用語や矢印が手がかりとなるが、これがわかりにくいと迷うことになる。

5. 使いやすいUIのデザイン　83

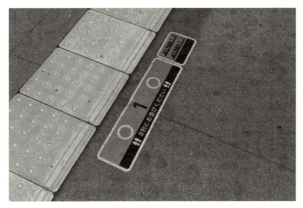

図5-4　手がかりの例（駅のホームで電車のドアが来る位置の手がかりを与えている）

5.3.3. 冗長性

冗長性とは、単一の情報だけでなく、複数の代替案を用意することで、ユーザーの情報入手を容易にすることである。またいずれかの感覚機能に制限がある場合でも、冗長性が考慮されていれば他の感覚から情報を得ることができる。

5.3.4. 識別性

識別性とは、情報の種類や質の違いが容易にわかるようにすることである。機能、重要度、使用目的など情報の種類や質が異なる場合に、それぞれ表現を変えることで識別が容易になる（図5-5）。

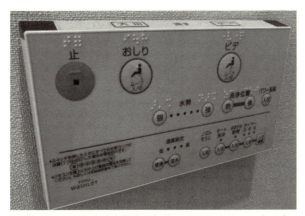

図5-5　識別性の例（これは温水洗浄便座の操作パネルであるが、水を止めるためのボタンが容易にわかるように色が変えられている）

5.3.5. 強調

　強調とは、重要な情報を目立つようにすることで、素早い情報探索を可能にし [4]、提示情報を容易に入手ができるようにする。色、サイズ、周りのスペースなどさまざまな方法で他の情報とのコントラストをつける。ただし、強調されている箇所があまり多くなると強調の効果が薄れるので、その点には注意が必要である。

5.3.6. 色の利用

　色の使い方の観点では、スペクトルの両極端に位置する高輝度の色（赤 – 青、赤 – 緑、青 – 黄など）を並べて表示すると、幻影や残像を生じさせ、眼精疲労が大きくなると言われている。また人間は短波長の刺激に対する反応が弱いため、青色を細い線や文字、小さな図形に使用すると見づらくなる [5]。注意を引くためには高輝度な目立つ色を使うのがよい。識別をしやすくするには、コントラストの高い組み合わせを使う必要がある。また類似性を伝えるには似た色を使う。さらに、色にはある程度共通に認識される意味合いがある。暖色系の色は動作中であることや何らかの動作が要求されることを示すために使われる（例 :WiFi ルータの動作状態を表す表示灯など）。寒色系の色は現状の状態やバックグランドの処理状態などを示すために使われる（例 :PC の電源オン状態、スマートフォンの通知があった時の表示灯など）。また UI でよく使われる意味合いとしては、赤色は停止、削除、キャンセルなどを表し、緑色は OK、承認、登録などを表すというものがある。こうした一般的なルールに合わせることでユーザーの予測・期待に沿わせることが必要である。ただし、色が表す意味合いは文化によって異なることが知られているので、その点には配慮する必要がある。

　色の配置の観点 [6] では、視野の中心付近では赤や緑に最も敏感であると言われている。逆に視野の周辺部分ではこれらの色に対して敏感ではないので、周辺視野で赤や緑によって注意を引くには点滅させるなどの手段と組み合わせる必要がある。周辺視野では、青、黄、黒、白が敏感であると言われている。

5.3.7. ゲシュタルトの法則

　人間は形態を見る際に、無意識のうちに 1 つのまとまりとして捉える傾向に

ある [7]。まとまりとして認識する要因はいくつか挙げられており、それらを総称してゲシュタルトの法則と呼ぶ。ゲシュタルトの法則として挙げられる要因の例を以下に示す。こうした要因に基づいて、知覚した対象を最も単純で秩序ある形にまとめようとする傾向をプレグナンツの法則と言う [8]。UI デザインの際には、これらの要因を考慮することで、スムーズな情報入手につながる。

- 近接性：距離が近い要素同士は同じグループと認識されやすい。
- 同等性：要素の特徴（色や形など）が同じまたは類似している同士は同じグループと認識されやすい。
- 閉合：お互いに閉じた形をしているものは1つの塊と認識されやすい（例：【 】や [ ] は2つで1つと感じる）。
- 連続：自然な形で連続しているものを1つのまとまりと感じやすい（例：「×」という文字は「＞と＜」というまとまりとは感じず、2つの斜線が交差していると感じやすい）。
- 面積：重なっている図形において面積が小さい方が手前にあり、面積が大きい方は背景であると認識されやすい。

5.3.8. グルーピング

グルーピングとは、関連する情報をグループに分けて視覚化することである（図5-6）。グループ分けにおいては前述のゲシュタルトの法則（近接性、同等性、閉合など）が利用できる。グルーピングが適切に行われることで情報探索が容易にできるようになる [9]。

図5-6　グルーピングの例（同じグループの要素が近くに配置されていたり（近接性）、同じアイコンで表されていたり（同等性）すると1つのグループとして認識されやすい。また文字とアイコンの位置関係からどの文字がどのアイコンに対応しているかを理解することができる（近接性）。

5.3.9. 情報の流れを考慮する [10]

情報の流れを考慮する際には、一般に認識される情報の流れに合わせる。文化によって変わる場合もあるが、多くの場合において情報は左から右に進む。図5-7にあるように、ウェブブラウザでは左矢印が戻るボタン、右矢印が進むボタンに対応している。これはビデオなどのリモコンでも同様である。また画面上に表示されるボタンの表現では、左上から光が差し、右下に影ができるようになっている。

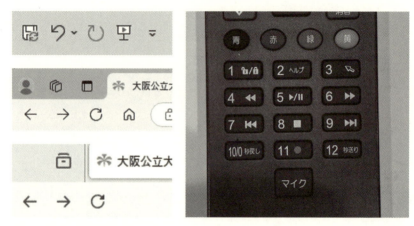

図5-7　UIにおける情報の流れ（左：ソフトウェアにおける矢印、右：ビデオリモコンの早戻し、早送りのボタン）

5.4. 理解・判断しやすさのためのデザイン原則

5.4.1. コーディング

コーディングとは、表示器や操作器の各要素を計状、色、寸法などによって関連付けて容易に識別させることである。例えば、表示灯の色によってスマートフォンの状態を表すことなどがこれに当たる（赤色が充電中など）。ただし、コーディングする刺激の数が多すぎると識別や記憶が困難になる。単一の要素（色、サイズなど）によってコーディングする場合、5～7種類以下にしておかないとわかりづらくなる [11]。

図 5-8　記憶負担を軽減している例
（ファストフード店で注文後に受け取る呼び出し番号）

5.4.2. 記憶負担の軽減

　人の短期記憶の容量や保持時間は限られているため、できるだけ覚える必要がないように配慮する。再生（記憶を直接的に思い出す）よりも再認（すでに知っていることを認識する）の方が容易であるため、再認できるようなデザインを検討する。また短期記憶容量には限りがあるので、あまり多くの短期記憶を求めないことや、短期記憶をしている時にほかのことを考えさせないということも重要である。例えば図 5-8 は飲食店での注文後に受けとるレシートであるが、ここに呼び出し番号が書かれていることで、顧客は自分の番号や注文内容を記憶しておく必要はない。

5.4.3. マッピング

　マッピングとは、ある事象と別の事象とを対応付けることである。UI デザインにおいては、表示器と操作器の関係、情報の要素間の関係、人間と機械の関係などがあり、これらの対応関係を直感的に理解できるようにする必要がある。例えば、大学の大講義室のような大きな部屋では照明とそれを操作するボタンが多く設置されている場合があるが、この対応関係が直感的にわからないと毎回トライアンドエラーが必要になり使いづらい（図 5-9）。

図 5-9 マッピングの例（照明とそのスイッチの対応関係が直感的にわかりづらい）

5.4.4. 一貫性

一貫性とは、ユーザーが混乱しないように、操作方法、情報提示の構造、レイアウト、用語などを統一することである。同じシステム内で規則に一貫性を持たせることや、新しいシステムに移行した際に旧システムとの一貫性を保ちスムーズに移行できるようにすることなどがこれに当たる。例えば、同じ会社のウェブアプリはアプリが違っても用語や画面レイアウトに一貫性があれば使い方が容易に理解できるし、喫茶店チェーンではどの店もメニュー、雰囲気や注文の仕方などに一貫性があるので顧客は期待どおりの経験を得ることができる。

5.4.5. シグニファイア

モノや環境には、それ自体が人間に特定の行為を実行する選択肢を知覚させる特性がある。例えば、イスを見た時、我々は「座る」、「椅子の上に立つ」といったさまざまな行為の選択肢を知覚できる。この、モノや環境から人が知覚可能な行為の選択肢をアフォーダンスと言い、モノや環境がこの選択肢を提供することを「アフォードする」と言う（例：椅子が、座るという行為をアフォードする）。アフォーダンスは、モノや環境が提供する選択肢であり、これ自体はデザインの対象になり得るものではないが、この考えに基づいてモノや環境が人をある特定の行為に誘導する手がかりを与えることはできる。この、特定の行為を選択させやすくするための手がかりをシグニファイアと言う [12]。モノや環境の使い方を示唆するサインとして、シグニファイアを検討することで、ユーザーは直感的に好ましい行為を取ることができる（図 5-10）。

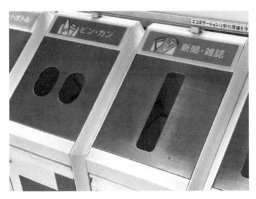

図 5-10　シグニファイアの活用例（ゴミ箱の穴の形状で何を捨てるかを直感的にわかりやすくしている例）

5.4.6. メンタルモデル

メンタルモデルとは、ある課題を解こうとする（ここでは UI を理解しようとする）人が心的に構築する仮説的なモデルのことである。ユーザーが自分なりに持つ操作イメージと考えればよい。ユーザーは自分なりに、「この機能はこうやって操作できるはず」とか「このボタンを押すとこうなるはず」といったメンタルモデルに基づいて操作するわけであるが、この時ユーザーの持っているメンタルモデルに合ったデザインでなかったり、メンタルモデルを構築しにくいデザインであったりすると操作エラーにつながる。

5.4.7. メタファ

メタファとは隠喩のことであり、ユーザーの文化、習慣、経験、知識などから意味を連想しやすいようにすることである。UI においてはアイコンや用語にメタファが活用され、ユーザーの理解を容易にしている。例えば、ゴミ箱やショッピングカートのアイコンは現実世界の形状から意味を連想できるように作成されていることが多い。

5.4.8. フィードバック

フィードバックとは、ユーザーが操作した結果としてどのような状態になったのか、ということを明確に伝えることである。フィードバックが明確でないと、行為の 7 段階モデルにおける評価の淵を超えることができない。操作は反

映されたのか、それともエラーになったのか、何に問題があってエラーになったのか、などを操作後すぐに明確に知らせる必要がある。

5.4.9. モーダルとモードレス

　モードとは、システムの特定の状態を指す。モードがある状態になっていることをモーダルと言い、この時システムは特定の機能の使用に制限された状態になる。ある特定のモードにあると、別のモードで行う操作はできなくなり、同じボタンを押しても、別のモードにある時と異なる操作結果が提供されたりする。例えば、ビデオカメラが録画モードになっていると再生機能は扱えず、録画したファイルを確認したり編集したりしようと思ったら、再生モードに移動する必要がある、といったことがこれに当たる。こうしたシステムでは、モードごとに行為の意味が異なり、1つの操作具が複数の意味を持ったりするためユーザーにとってシステムが複雑でわかりづらいものになる。こうしたモードに起因した操作エラーをモードエラーと呼び[13]、多くのユーザビリティの問題の原因となる。デザイン対象にモードを組み込む必要がある場合は、現状どのモードにあるのか、そのモードでは何ができるのか、どういった場合に別のモードに移る必要があるのか、モードの選択がわかりやすいか、自然にモードを移動できるか、などの点に配慮する必要がある。あるモードを選択している間は、ほかのモードの操作はできずユーザーの行動に制限を与えることになるが、例えばユーザーの行動を制約し、ある特定の順序でのみ操作をさせたい場合などはモーダルである必要がある（例えば、パソコンにソフトウェアをインストールする際に表示されるダイアログなど）。

　これに対して、モードがないシステムをモードレスと言う。モードの切り替えがないのでユーザーの行動を制限せず、ユーザーは自由な手順で操作ができる。モードに起因するエラーが起こり得ないので、多くの場合で推奨される[14]。モードレスを実現する手立てとして、オブジェクト指向UIという考え方がある[15]。これは操作の対象物（オブジェクト）を手がかりとして設計されたUIであり、まずオブジェクトを選択し、その後そのオブジェクトに対して実施したいタスク（何をするか）を選ぶという考え方である。例えば自動販売機の場合、先に欲しい飲み物（オブジェクト）を選んだうえで、タッチ決済（支払うというタスク）を行うことができるものはオブジェクト指向である。

5. 使いやすい UI のデザイン　　91

これに対し、現金支払いのみの自動販売機では、先にお金を入れ（支払うというタスク）、その後に欲しい飲み物（オブジェクト）を選ぶタスク指向のデザインであると言える。タスク指向の場合、お金を入れた時点で「購入のためのモード」に入るので、購入をキャンセルしたい場合は返却レバーを押してモードから抜け出す必要がある。オブジェクト指向の場合はこうしたことが起こり得ない。

5.5. 反応・操作しやすさのためのデザイン原則

5.5.1. フィッツの法則とポインティング動作

フィッツの法則 [16] とは、人間のポインティング動作にかかる時間の予測モデルであり（式 5-1）、ポインティングに要する時間 pt はターゲットまでの距離 d とターゲットのサイズ s の関数で表されるというものである（式 5-2）。この時、ターゲットまでの距離 d とターゲットのサイズ s によって決まるポインティング作業の困難さを困難度 ID（index of difficulty）と呼び、ポインティングに要する時間は困難度 ID に比例するとも表現できる。

$$pt = a + b \cdot ID \qquad\qquad (5\text{-}1)$$
$$a, b \text{ は定数}$$

$$ID = \log_2\left(\frac{d}{s} + 1\right) \qquad\qquad (5\text{-}2)$$

またフィッツの法則に基づくポインティングデバイスのユーザビリティ評価指標として、Throughput（TP）と呼ばれる指標がある（式（5-3））[17]。

$$TP = \frac{ID}{pt} \qquad\qquad (5\text{-}3)$$

Throughput は困難度 ID をポインティング時間 pt で除することで算出される。ISO9241-411:2012 によると、Throughput はユーザーがポインティングのために入力装置を操作している時の情報転送速度の指標（JIS Z 8519 での邦訳）とされており、ISO9241-210:2019 で定義されるユーザビリティの側面のうち、効率と有効さを評価するための指標である。

これらの考え方はマウスによるポインティングなどに代表されるように、さ

まざまな入力デバイスの操作性検討に活用されている（ただし、必ずしもすべての状況でうまく適合するわけではないので、フィッツの法則に基づくモデルの修正などが検討される）。UI 設計においてポイントになるのは、表示系においてはポインティングターゲットまでの距離とサイズによってポインティング作業の難易度が変わるということと、操作系においてはデバイスやユーザー特性によって定数は変わり得るということであろう。またポインティング動作を観察すると、大雑把に目標に向かう大きくて速い弾頭動作と、目標近くで精密に位置を決める比較的ゆっくりした細かいホーミング動作にわかれる [18]。

5.5.2. 操作具の表面

操作具の表面は滑らないように表面の形状や材質を検討する必要がある。例えば、図 5-11 はあるシャンプーボトルであるが、丸い形状と滑りやすい材質によってうまく押せない。このような場合、風呂で手が濡れていても滑らずにポンプを押しやすい形状や材質の検討が必要であろう。

図 5-11　滑って押下しづらいシャンプーボトルの例

5.5.3. 操作感のよさ

操作感がよい操作具は、操作したことが直感的に理解できるし、操作自体が心地よく感じる。操作音やボタンの押し心地などでユーザーに適切なフィードバックを提供することで操作感をよくする必要がある。フィードバックがなかったり、ユーザーの操作と機器の反応にタイムラグがあったりすると、ユーザーは操作が正しく行われたかを即座に判断できない。またパソコンのキーボードのように長時間にわたり何度も押すボタンでは、押したことが理解できるクリック感のほかに、ボタンを押し込んだ指が痛くないこと（ソフトな着地をする）や力を抜くだけでボタンの反発力によって元の位置に指が戻ること（自分で指を上げなくてよいので疲れにくい）などが考慮されている。操作感をよくすることは、心地よさ以外にも、わかりやすさ、効率的な操作、身体的負担の軽減の観点からも重要であると言えよう。

5.5.4. ユーザーの予測・期待にあった反応

　人は起こり得る出来事を予測・期待していると、まったく想定していない時よりも素早く・正確に知覚や反応ができる [19]。自動車の運転免許を取る際に教わる「かもしれない運転（人が飛び出してくるかもしれない、というように危険を予測する心構え）」と「だろう運転（この道には人は通らないだろう、のように希望的観測に基づく心構え）」というのは理にかなっており、あらかじめ予期している際に危険があった場合にブレーキなどの反応が早くなる。UIにおいても、ユーザーが予期しないことが起こるとエラーや反応の遅れにつながるため、ユーザーの予測や期待に沿うことが必要になる。

5.5.5. 選択肢の複雑さ

　3.4節で紹介したヒックの法則やヒック・ハイマンの法則より、操作の選択肢が多く複雑になるほど、操作のための反応時間も長くなる。選択肢が多い場合は、グループに分けて階層構造にすることが有効な場合もある（図5-12）。ただし、1階層当たりの選択肢が少なくても階層数が深くなると、それによって操作時間は伸びるため、こうした点には配慮が必要である [20]。

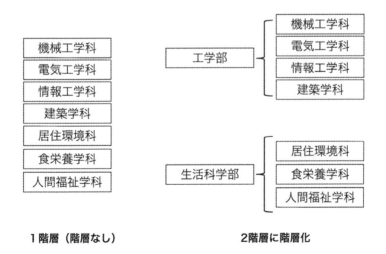

図5-12　グループ分けによる選択肢の階層化

5.5.6. C/D比

C/D比とは、操作量（C: control）と表示量（D: display）の比のことを言う。例えば、マウスをある距離動かした際に、画面上のカーソルがどれくらい動くかという比率のことである。C/D比が大きいということは、操作量に対して表示量が小さいので時間はかかるが精密な動作ができるようになる。逆にC/D比が小さいということは、操作量に対して表示量が大きいので細かい操作は難しいが素早い操作ができるようになる。UIやユーザーの特性に合わせてC/D比を決める必要がある。

5.5.7. コーディング [21]

操作の観点から見てもコーディングは役に立つ。操作具に形状のコーディングを用いることで、誤操作を防止することにつながる。例えば、飛行機のコックピットはレバーやノブが多く複雑であるが、非常時の誤操作防止などを目的として形状や色などで区別されている。操作具のコーディングとしては、形状や色のほか、操作具表面のテクスチャ、サイズ、位置、寸法、操作法、説明文といったものがある。

5.5.8. ポピュレーション・ステレオタイプ

ポピュレーション・ステレオタイプとは、ある社会集団において多数の人に共通して見られる、自然に感じる動作の傾向のことを言う。例えば、ボリュームを調整するツマミは右回りが増加を表す、といったものである。ユーザーの属する集団におけるポピュレーション・ステレオタイプに合わせることで、自然に操作することができる。図5-13は、操作具の操作方向と表示器の表示方

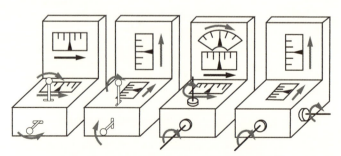

図5-13 ポピュレーション・ステレオタイプ [1]

向の対応関係を表したものである。ただし、国や文化が異なるとポピュレーション・ステレオタイプは変わる可能性がある。

引用

（1）Grandjean, E.（1988）Fitting the task to the Man: A textbook of Occupational Ergonomics 4th Edition, Taylor & Franis, 140

参考文献

[1] 竹内啓(1988)シリーズ・人間と文化2　意味と情報、東京大学出版会、32-44

[2] 黒須正明(編・著)、松原幸行・八木大彦・山﨑和彦(編)(2013)HCDライブラリー第1巻　人間中心設計の基礎、近代科学社、25-28

[3] ヤコブ・ニールセン、篠原稔和(監訳)・三好かおる(訳)(2002)ユーザビリティエンジニアリング原論　第2版　ユーザーのためのインタフェースデザイン、東京電機大学出版局、21-30

[4] Donner, K.A., Mckay, T., O'brien, K.M., Rudisill, M.（1991）Display format and highlighting validity effects on search performance using complex visual displays, Proceedings of the Human Factors Society 35th Annual Meeting, 374-378

[5] 吉田真(編)、岡崎哲夫・河田悦生・菅村昇・鉄谷信二・戸井田徹(著)(1995)ヒューマンマシンインタフェースのデザイン、共立出版、94-95

[6] Galitz, W.O.（2007）The Essential Guide to User Interface Design: An Introduction to GUI Design Principles and Techniques, Third Edition, Wiley Publishing, 697-724.

[7] クルト・コフカ、鈴木正弥(監訳)(1998)ゲシュタルト心理学の原理　新装版、福村出版

[8] 箱田裕司・都築誉史・川畑秀明・荻原滋(2010)認知心理学、有斐閣、56-57

[9] Niemelä, M., Saarinen, J.（2000）Visual search for grouped versus ungrouped icons in a computer interface. Human Factors, 42(4), 630-635

[10] 山岡俊樹(編・著)、岡田明・田中兼一・森亮太・吉武良治(2015)デザイン人間工学の基本、武蔵野美術大学出版局、291-292

[11] Wickens, C.D., S.E. Gordon, Y. Liu.（1998）An introduction to human factors engineering, Longman, 226-227

[12] D.A. ノーマン、岡本明・安村通晃・伊賀聡一郎・野島久雄 (訳) 誰のためのデザイン？ 増補・改訂版　認知科学者のデザイン原論、新曜社、14-27

[13] D.A. ノーマン、岡本明・安村通晃・伊賀聡一郎・野島久雄 (訳) 誰のためのデザイン？ 増補・改訂版　認知科学者のデザイン原論、新曜社、247-249

[14] ジェフ・ラスキン、村上雅章 (訳) (2001) ヒューメイン・インタフェース、桐原書店、37-81

[15] 上野学(監・著)、ソシオメディア株式会社・藤井幸多(著)(2020)オブジェクト指向UIデザイン—使いやすいソフトウェアの原理、技術評論社

[16] Fitts, P.M.（1954）The information capacity of the human motor system in controlling the amplitude of movement, Journal of Experimental Psychology, 47(6), 381-391

[17] MacKenzie, I.S. (2008) Fitts' throughput and the speed-accuracy tradeoff, Proc. of CHI2008, 1633–1636

[18] Lidwell, W., Holden, K., Butler, J. (2003) Universal principles of design: 100 ways to enhance usability, influence perception, increase appeal, make better design decisions, and teach through design, Rockport Publishers Inc., 82–83

[19] Wickens, C.D., S.E. Gordon, Y. Liu. (1998) An introduction to human factors engineering, Longman, 260–262

[20] Miller, D.P. (1981) The depth/breadth tradeoff in hierarchical computer menus, Proc. of the Human Factors Society-25th annual meetings, 296–300

[21] McCormick, E.J., Sanders, M.S. (1983) Human Factors in Engineering and Design Fifth Edition, McGraw-Hill International Book Company, 248–254

6. 安全のためのデザイン

6.1. 事故はなぜ起こるか

6.1.1. 事故に至る背景

　安全でないと事故や災害が起こるわけであるが、人為的なミスや不安全行動・違反行動がきっかけとなっていることは非常に多い。家庭内の事故から大規模災害まで、その事例を分析してみると、どこかに個人や組織に関する人的要因が関わっていることがほとんどである。では、人のエラーが事故や災害の根本原因かというとそうではない。人間工学ではこうした人為的なミスや不安全行動は単なる1つの結果であり、その背景には直接的な引き金になった要因、それを取り巻く背後の状況、システムや組織の管理体制、安全文化などといったさまざまな要因によって事故が引き起こされると考える。

　例えば、2005年4月に発生したJR福知山線脱線事故を考えてみる [1]。この事故は、運転士が前の停車駅で発生したオーバーランによる遅れを取り戻すために制限速度を超過して列車を運転したため、車両が脱線し、線路脇のマンションに激突したという痛ましい事故である。直接的な原因は運転士が速度超過をしたという違反行動にあるように思うが、その背後には例えば過密なダイヤ編成によって運転士の疲労・ストレスが高まっていたことなど複合的な要因が考えられ、そのさまざまな箇所で人の状態や判断が関わっていることがわかる（図6-1）。

　また自然災害においても人的な要因は無視できない。2018年の西日本豪雨において岡山県倉敷市真備町では小田川が氾濫し、その水害によって多数の人的被害が出た。この災害では想定外の浸水被害があったというわけではなく、浸水区域や規模はハザードマップなどで事前に把握されていた範囲内であったにもかかわらず、多くの人的被害が生じたのは、雨の降り方から危機感を感じに

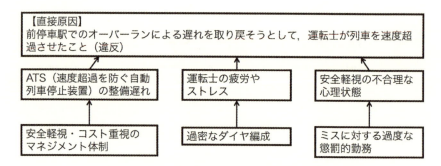

図 6-1　JR福知山線脱線事故の要因の一部を簡略化した例

くく避難が遅れた（大丈夫だと思っていた）、ハザードマップや警報・避難指示の認知度が十分でなかった、心身の機能に制限があり自力での避難が困難な要支援者の情報が十分に共有できていなかったなどの、人的な要因も可能性として指摘されている [2]。

このように、安全を考えるうえで人的要因は重要な位置付けにある。

6.1.2. 事故原因のモデル

ここでは事故のメカニズムについて述べた有名なモデルを2つ紹介する。1つはスイスチーズモデルである（図6-2）。これは事故が起こる際は、並べたチーズの穴がちょうど重なると先が見通せるようになるように、さまざまな複数の要因がたまたま重なった場合に事故が起こるということを示している。その一方で、いずれかのチーズの穴がずれていると先は見えなくなり、いずれか

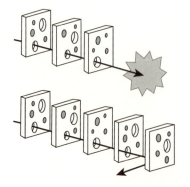

様々な要因が不幸にも重なると事故になる

いずれかの防護壁が働くと事故が防げる(多重防護)

図 6-2　スイスチーズモデル

の防護壁が1つでも働くと事故にはつながらない。このモデルにおける重要な示唆は、決して1つの原因だけで事故が起こるわけではないということと、単体で完璧な安全対策はない（チーズのように多かれ少なかれ穴はある）ということである。また複数の安全対策を行うことによって、確かに事故が起こる確率を下げはするが、その確率がゼロになることもない。

もう1つがハインリッヒの法則である（図6-3）。これはピラミッドの頂点が1件の重大な事故を示しており、その事故の背景には軽微な事故や、事故につながりかねない不安全な事案（ヒヤリ・ハット）があるという経験則である。これらを統計的に検討すると、図6-3のピラミッドのように1：29：300の比率になるとされている。つまり、ヒヤリ・ハットを軽く捉えずに、重大事故につながる危険な兆候として捉え、いち早く見つけ対策を講じることが重大事故を回避するためには重要なのである。

図6-3　ハインリッヒの法則

6.1.3. 作る側と使う側のギャップが事故につながる

モノ・コトのデザインという観点で事故を考えると、作る側と使う側のギャップは重要な観点である [3]。図6-4のように、デザイナーとユーザーはそれぞれのメンタルモデルを持っている。この時、デザイナー側が「こう動くのが自然だろう」「まさかこんな使い方はしないだろう」と考えデザインしたシステムに対して、ユーザーが異なるメンタルモデルで「こう使えそう」「これくらい大丈夫だろう」と捉えると、誤操作や不安全行動につながり、これが時として重大事故を引き起こすのである。つまり、ユーザーのメンタルモデルをよく理解し、どういった使い方をされるかを予期したうえでデザインすることが重要なのである。

デザイナーとユーザーがそれぞれ考える使い方のギャップは図6-5のように見ることもできる [4]。デザイナーが考える「通常の使用」とユーザーの考え

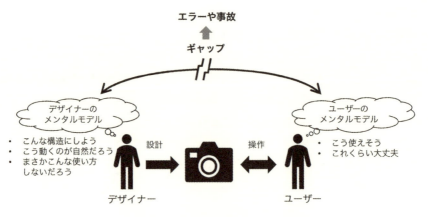

図 6-4　メンタルモデルのギャップ

る「通常の使用」にギャップがあると、それはデザイナー側から見るとユーザーの誤使用であるが、ユーザー側から見ると正しい使用方法の範疇である。この考えのギャップは、正しくはないかもしれないが普通に起こり得る使用の可能性を表している。事故を防ぐには、デザイナー側がこの部分についても予見・理解することが必要になる。

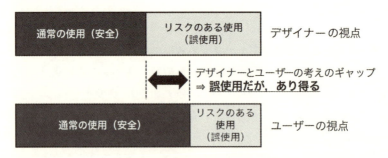

図 6-5　安全な使い方のギャップ

　こうした、作る側と使う側のギャップという観点からいくつかの事故事例を考えてみよう。今となってはほとんど見ることはなくなったが、2000 年代前半までは各地の公園には箱型ブランコという遊具があった。この箱型ブランコは、もともとは複数の子どもが椅子に座ってゆっくりと揺らすゆりかごのような使い方がイメージされていたようだが、実際には勢いよく漕いだり、座席以外の

場所で立ち乗りしたり、動いているブランコから飛び降りたりなど、当初想定されていなかった危険な乗り方で使用されることが多かった。その結果、通常のブランコよりもかなり重量のある大きい箱型ブランコが、近くにいる子どもに衝突したり、箱型ブランコと地面の隙間に子どもが挟み込まれたりといったことが起こり、全国で事故が相次いだ [5]。そして、こうした事故を契機に2000年代後半頃から急速に撤去されたのである。この例を考えると、重たい物体が高速に動くというハザード（危険源）があるにもかかわらず、子どもの行動や遊び方、ブランコから落ちたり近くに人がいたりした時の状況を十分に考え、ハザードが事故につながらないような安全設計が十分でなかったと言わざるを得ない。つまり、利用者やその利用状況についての検討不足によるギャップがあったわけである。

　また重大な事故を引き起こすのは上記のようなハードウェアだけではない。ソフトウェアのデザインにおいても Therac-25 という放射線治療器による被ばく事故という有名な事例がある [6]。これはソフトウェアのデザインにさまざまなミスがあり、その結果として技師が意図した操作ができず、患者に過度の放射線を浴びせてしまい死亡させたという事故である。事故原因としてはソフトウェアのバグなども含む複数の要因が指摘されているが、その中にはシステムが電子線モードになっているのか X 線モードになっているのかがわからない（モードエラー）、エラーが頻発するがエラーコードの表示がされるだけでユーザー（技師）にはエラーが理解できなかった、などの UI のわかりづらさについての指摘もある。つまり、ユーザーの利用状況をよく検討せず、使えない・使いづらい UI を作ってしまったことが患者の死亡や重症化といった悲惨な結果を引き起こしたのである。これもデザイナーとユーザーのメンタルモデルのギャップ（デザイナーが使えると思ってもユーザーは使えない）と捉えることができよう。

　以上のことをまとめると、モノ・コトを作る側には最も基本的な責任として、ユーザーに危害を加えないということがある。誰しもわざわざユーザーを危険にさらしたいと思っているわけではないだろうが、デザイン時の配慮不足・検討不足が時としてユーザーを危険にさらすデザインになりかねない。人間中心デザインが目指すものはさまざまであるが、その根幹には、ユーザーが安全に使えるようにする、というニーズがあることを忘れてはならない。

6.2. 事故につながるヒューマンエラー

6.2.1. ヒューマンエラーとは

前節では、事故や災害には人為的なミスが関わると述べたが、このように、意図しない結果を招いてしまう人間の行為をヒューマンエラーと呼ぶ。ヒューマンエラーは安全性やシステムのパフォーマンスを低下させるような不適切な行為である。人間工学の観点から安全を考える際には、このヒューマンエラーを考えるわけであるが、基本的な考え方として To Err is Human（人は誰でも間違える）というものがある。人間である以上、まったくミスをしないということはありえないので、ヒューマンエラーをゼロにすることはできない。つまり、ヒューマンエラーは起こるという前提で、その影響をいかにコントロールし、事故を防ぐのかを考えることが基本になる。そのためには、単純にヒューマンエラーが事故の原因であると考えずに、その特性や要因をよく理解して対処する必要がある。

ヒューマンエラーを事故の原因と考えると、モノやシステムでなく人に原因を求めることになるので、「誰が悪いのか」という犯人探しになり、その解決策も「エラーをしないように気をつけろ」という精神論になってしまいかねない。またすでに述べたとおり、事故は 1 つの原因だけで起こるわけではないので、個別のヒューマンエラーを原因と捉えても、対症療法的に各ヒューマンエラーをつぶして回るアプローチになり、システム全体の最適化は難しい。

そうではなくて、ヒューマンエラーは 1 つの結果であると考えると、そこに至る要因を洗い出すことができ、どうすればヒューマンエラーを起こりにくくできるか、またヒューマンエラーが起こったとしても、それをどのようにすれば事故に結び付かないようにできるか、と考えることができる。そして、そもそも人がヒューマンエラーを犯しにくいような UI、しくみ、運用方法などを工夫・改善することによって根本的な解決を図ることが大切なのである。

6.2.2. ヒューマンエラーの分類

ヒューマンエラーはその捉え方によりいくつかに分類できる。これを知ることで、ヒューマンエラーの特性についての理解が深まるので、ここでは代表的な分類を 2 つ紹介する。

Reason による分類 [7]

①スリップ（slip）

　行為が意図どおりに行われずに発生するエラーである。いわゆるうっかりミスはこれに当たる。もともとの行為意図に間違いはないが、意図せず実行の段階で間違えてしまうものであり、例えば、お風呂場で蛇口から水を出そうとしたところ、レバーの操作を間違えてシャワーから水を出してしまう、などがこれに当たる。

②ラプス（lapse）

　記憶違いによるエラーで、し忘れである。例えば、冷蔵庫を開けたはものの、どの食材を取り出すつもりだったか忘れてしまった、などがこれに当たる。これもスリップと同じく、意図しない行為である。

③ミステイク（mistake）

　考え違いのエラーであり、もともとの行為の計画が思い違いや判断ミスなどにより適切でないために起こるエラーである。例えば、電子レンジにアルミホイルを入れても問題ないと思い違いしており、そのまま加熱して火花が出てしまった、などがこれに当たる。これはスリップやラプスとは異なり、意図した行為によるエラーである。

④違反（violation）

　マナーや規則を守らない手抜き、怠慢、知識不足によるエラーである。安全を阻害する可能性のある行為を意図して行うものである。

Swain による分類 [8]

①オミッションエラー

　タスクの一部を省略することによって起こるエラーである。例えば、お風呂の栓をせずにお湯張りをしてしまった、などがこれに当たる。

②コミッションエラー

　タスクを間違って実行してしまうことにより起こるエラーである。例えば、上りエレベータを呼ぶボタンを押すべきところを間違えて下りエレベータを呼ぶボタンを押してしまった、などがこれに当たる。

③シーケンシャルエラー

　タスクの順序を間違えることで起こるエラーである。例えば、ガスの元栓を開けないでコンロの点火スイッチを押した、などがこれに当たる。

④タイミングエラー

タスクを行うタイミングが早すぎたり遅すぎたりしたことによるエラーである。例えば、まだ赤信号なのに車を発進させてしまった、などがこれに当たる。

6.2.3. ヒューマンエラーの要因を捉える枠組み

ヒューマンエラーはさまざまな背後要因に基づいて起こるものであるが、その多様な要因を総合的に捉える代表的な枠組みを紹介する。これらの考え方は、事故やそれに絡むヒューマンエラー、またはそのリスクを分析する際に活用される。

4M

事故や災害の原因を以下の4つのMによって捉える考え方であり、安全のためにはこれらを適切に管理する必要がある。

- Man（人的要因）：当事者および関連する人に関する要因
- Machine（機械・設備要因）：機械や設備などのハードウェアやソフトウェアに関する要因
- Media（環境要因）：物理的な作業環境、マニュアルや手順などの情報など、人を取り巻くさまざまな環境に関する要因
- Management（管理要因）：組織の管理体制などの運用面の要因

m-SHEL モデル

m-SHEL モデルとは、図6-6のように表されるヒューマンエラーの背後要因を捉えるモデルである。もともとあったSHELモデルに、m（management）の要素を付加して、m-SHEL モデルとされている[9]。SHEL とは、それぞれ Software（教育・訓練方式、規則、手順、情報など）、Hardware（機械、装置、設備、施設など）、Environment（温度、湿度、照明、騒音、空間など）、Liveware（作業者、管理者、経営者など）の頭文字をとったものである。そしてmが組織の管理方式や安全哲学を表す。中央のLが当事者であり、このLとそのほかの要素との関係がよくない（図のよ

図6-6　m-SHEL モデル

うに隙間が生じ適合しない状態）とそこにエラーが生じるとされている。また management の要素は全体として関連することから、それを表すような図になっている。

6.2.4. ヒューマンエラーの要因

　人はなぜエラーをするのか、ということを考えるとさまざまな要因がある。個々の事案を考えるには前節で述べた枠組みで捉えることが重要であるが、ここでは特に人の特性に関連する具体的な要因をいくつか紹介する。

▌扱いづらい UI

　UI が人の情報処理特性に合っていないと操作エラーにつながる。UI の操作エラーと言うと大きな事故とは関りがないように思うかもしれないが、6.1.3 節で紹介した Therac-25 の例のように、操作対象によっては人命に関わる重大な事故につながる。そのため、5 章で紹介したような UI デザインの原則に則って、人がエラーを犯しにくい UI デザインを考える必要がある。

▌人間の能力の限界

　人間の感覚受容器によって検出できる範囲・正確さや検出可能な物理量には制限がある。またこうした検出能力は、精神状態、作業意欲、意識レベル、生理・心理的諸条件によっても変わる。例えば、加齢とともに温冷覚の機能は低下する傾向にあることが知られているが、これが原因で高齢者は温度変化を検知しづらく低温火傷を負うことなどがある。

　人間の認知機能にも多くの限界がある。人間の感覚・知覚機能にはさまざまな錯覚があり、常に正確に刺激を捉えられるわけではないし、注意や記憶の機能にも限界があることは 3 章や 5 章での説明からも明らかであろう。例えば、注意機能について考えると、分割的注意にしても集中的注意にしてもその機能は限られており、自動車や自転車を運転中の「ながら運転」や注意散漫は交通事故の大きな原因になっている。

　また、疲労も人間の能力の限界の 1 つである。疲労は覚醒水準低下を招き、パフォーマンスの低下、エラーの増加、意欲の低下などにつながる。長距離バス等のドライバーが過度な勤務によって事故を起こすケースなどはこれに当たろう。

▌知識や経験の不足

　知識や経験の不足もヒューマンエラーの原因になる。事故を防ぐには、現在

置かれている状況を正しく認識し、意思決定することが重要である。Endsley
による状況認識（SA: situation awareness）のモデル [10] では、状況の知覚
（perception）、状況の理解（comprehension）、将来状況の予測（projection）の 3
段階から成るが、この時、状況を理解し、それを将来の予測に活かし、適切な
意思決定を行うためには知識や経験が必要になるとされている。

▌ リスク評価のいい加減さ

　人間のリスク評価はさまざまな認知バイアスの影響で歪む不確かなものである。そして、その結果として、不合理で事故リスクの高い行動を起こしてしまうことがある。例えば、思い出しやすいものや、より印象に残りやすいものを過度に一般化してしまう傾向である利用可能性ヒューリスティックや、代表的・典型的と思われることの確率を過大評価してしまう代表性ヒューリスティックがある。また楽観視・過信や安全軽視も認知バイアスの 1 つである。「自分だけは大丈夫」「今回は大丈夫」「これくらいは大丈夫」などのように都合の悪いことを無視してしまう正常性バイアスは、多くの事故に関連しているであろう。このような認知バイアスにより正しくリスク評価ができないと、時として経済性・効率性ばかりを重視し、安全を軽視した判断につながる。

　例えば、自動車における 6 歳未満幼児のチャイルドシート使用は法令で定められており、その必要性も広く認識されているにもかかわらず、チャイルドシート不使用が原因の幼児の死亡事故は多い [11]。子どもが嫌がる、時間がないなどといったほかの要因を重視し、「少しくらい大丈夫だろう」という楽観的な安全軽視の判断が少なからず影響しているだろう。

▌ 集団における心理特性 [12]

　人間の心理状態は状況によっても変化する。例えば、組織や集団の特性が事故につながることもある。集団が持つ何らかの圧力などによって、集団が誤った（危険な）意思決定をしてしまうことを集団浅慮（グループシンク）と言う。同調圧力、集団の過大評価、独自ルールの押し付けなどがあると、多数派に対する批判的な意見が言いにくくなったり、無視されたり、または過度に楽観視してしまう。例えば、「ミスに気付いたけど、これを言うとチーム全体のスケジュールに影響するし、みんなに迷惑をかけるから黙っていよう」とか「自分たちのルールはこうだから、自分たちのチームは優秀だから、これは絶対正しいはず」といった考え方などがこれに当たる。集団に多様性がなかったり、閉

鎖的であったり、特定の人の知識や権力が強かったりする（権威勾配が強い）場合にグループシンクは起こりやすいとされている。

　また集団での作業では、「社会的手抜き」と呼ばれる現象も知られている。これは、ほかの人がやっているから自分は少しくらい手を抜いても大丈夫だろう、自分がやらなくても誰かがやるだろうなどと考えるもので、結果として集団のパフォーマンス低下や重要な事項の見落としにつながる。例えば、安全のための検査を複数人で行う場面を考えると、ほかの人がチェックしているから大丈夫だろう、という社会的手抜きは事故につながりかねない。このように、自分は何もせず集団による利益だけを享受しようとする者をフリーライダーと呼ぶ。

▍ リスク補償行動 [13]

　リスク補償とは、危険を回避するための何らかの対策（例えば新技術の導入など）をとり、システムの安全性を高めようとしても、人はその対策によって安全になった分だけその利益を期待してより大胆な（リスクのある）行動をとることである。この時のリスクを求める行動をリスク補償行動と呼ぶ。また安全対策を行ったとしても、人のリスク補償行動によって結果的にシステム全体のリスクは変わらないという考え方をリスクホメオスタシス理論と言う。リスクホメオスタシス理論を提唱した Wilde は、以下に述べるようないくつかの事例からこのことを示している。自動車に安全性向上のために ABS（anti-lock braking system）を導入した車とそうでない車の走行状況を比較したところ、事故の件数や重大さに違いはなく、むしろ ABS を導入した車の方が危険な運転行動が増えた。これは ABS の導入により、急ブレーキを踏んでも大丈夫だろうという過信から危険な運転行動（リスク補償行動）が増えたとされている。また子どもによる薬の誤飲防止のために薬の瓶を子どもには簡単に開けられないようなデザインにしたところ、かえって親が子どもの手の届かないところにしまうことに注意を払わなくなり（リスク補償行動）、誤飲事故が増えたという例も説明されている。こうした例は、人の特性によって安全対策がむしろリスクを増大させることもあり得るということを示している。

6.3. 安全のためのアプローチ

6.3.1. 安全とは

　安全というのは、ハザードが事故や災害につながるリスクが極めて低い状態のことを言う。ここで言うハザードというのは、動物園にいる猛獣、電化製品の電気や刃物などのように、もともとシステムに内在されていて危害や損害を与える可能性のある危険源のことである。例えば、ハザードマップというのは当該地域において、河川が氾濫した際に浸水するとか、交通量が多いのに見通しが悪く交通事故が起きやすいなどといった、災害や事故が起こり得る危険源を表した地図を言う。またリスクとは、一般的にハザードのひどさとハザードの発生率の掛け合わせで捉えられることが多い。つまり、安全を実現するにはハザードそのものを除去・緩和するか、ハザードの隔離・制御・注意喚起などによってその発生確率を下げることが必要になる。

　また、安全に対する考え方として、本質安全と制御安全の2つの考え方がある [14]。本質安全というのは、たとえ事故が起きても決定的なダメージを与えないようにするという考え方であり、主にハザードのひどさに対するアプローチと言えるだろう。制御安全というのは、センサなどによる制御によりハザードを回避するという考え方である。ハザードを回避する方策としては、危険な状態を検知して防御策を取る危険検知型と、安全な状態を確認しないと動作しないようにする安全確認型の2つのパターンがあるだろう。ただし、どこかに人間が介在する以上はその行動を完全に網羅・制御することは難しいので、制御安全は主としてハザードの発生確率に対するアプローチと言えよう。

　いずれも重要な観点であるが、どんな対策を取ったとしてもハザードの発生確率がゼロになるわけではないので制御安全だけに頼るのではなく、本質安全を確保し、ハザードが発生したとしても重大事故にならないように考えておく必要がある。例えば、扇風機の羽根に起因する子どものケガは多く発生している。羽根部分には当然保護カバーがあるが、これだけで子どもの予想外の行動にすべて対処できるわけではない。これに対して「羽根のない扇風機」というのは羽根というハザードそのものをなくしており、より本質安全を追求したアプローチであると言えよう。

6.3.2. 安全設計のための配慮事項

モノやシステムの安全を確保するために、デザインの際に考慮すべき基本的事項を以下に述べる（山岡 [15] や小松原 [16] をもとに改変）。

①メンタルモデルへの配慮

ここまで述べてきたとおり、デザイナーとユーザーのメンタルモデルにギャップがあるとエラーにつながる。ユーザーに正しく理解してもらい、正しく使ってもらうためにはユーザーのメンタルモデルへの配慮が必要である。ユーザーのメンタルモデルに配慮する考え方としては、1つはユーザーの既存のメンタルモデルをよく理解し、それに合わせた設計にするということである。もう1つが、ユーザーに適切な操作のための手がかりを与え、メンタルモデルを適切に構築できるように導くことである。また根本的なことではあるが、紛らわしい、わかりにくい表示・用語を使わないことも重要である。

②危険の除去

本質安全のためには、製品やシステムから危険な部分を取り去ることができるならそれに越したことはない。また完全に取り去れなくても、どこに危険があるかをよく認識し、それがユーザーと接触しないように検討する必要がある。例えば、製品における危険源とは、可動部、羽根、刃、発熱・蓄熱部などがこれに当たる。刃が直接ユーザーの肌に触れないように設計された電気シェーバーや、羽根をなくした扇風機などは危険の除去を目指した製品であろう。

③フールプルーフ

たとえ人間が操作ミスをしたとしても安全であるように考慮されたデザインをフールプルーフという。フールプルーフの方策としては、例えば以下の観点が代表的である [16]。

・偶発的な起動を避ける：うっかりスイッチを押してしまったり、気付かないうちにスイッチを押してしまったりするのを避けるということである。

・一定の手順を踏まないと作動しない：偶発的な起動を避ける1つの方策とも言える。意図せず危険な動作が行われないように特定の操作手順を課すことである。例えば、IH コンロなどで特定の手順でボタンを押さないと加熱されないようになっていたり、風呂の温水混合水栓においてボタンを押し込まないと高温のお湯が出せないようになっていたりというものがある。このように、ある一定の条件が整わないと動作しない設計のことをインター

ロックと言う。

・安全状態が検出されない限り動かない：これもインターロックの一種である。例えば、電子レンジや洗濯機などは蓋がきちんとしまっていなければ動作しないようにしたり、きちんと底面が接地していないと電気ヒーターが動作しないようにしたりすることである。

・危険な状態から隔離、強制排除する：うっかり危険な状態に近づかないように（近づけないように）人間と危険を隔離したり、人間の行動を強制したりすることである。扇風機のカバーや新幹線のホームドアなどがこれに当たる。

・危険状態が一定時間続くと自動停止する：ガスファンヒーターなどを一定時間以上連続運転していると、自動消火するようなことである。

・特定の人の不適切な使用を排除する：本来アクセスすべきでない人がアクセスして危険にさらされないような仕組みを設ける。例えば、ライターは子どもの力で簡単に火がつかないように点火スイッチの押下には一定の力が必要であるとか、運転中の自動車のドアを子どもが誤って開けないようにチャイルドロックを付けるといったことがこれに当たる。また、子どもに限らず一般ユーザーが容易に危険な部分にアクセスできないように、特殊な工具でないと蓋を開けられないようにするといったいたずら防止策もある。こうした、いたずら行為を避けるデザインを総称してタンパープルーフという。

④警告表示

製品に危険が潜む場合には、適切にわかりやすくユーザーに注意喚起する必要がある。例えば、塩素系洗剤の「まぜるな危険」などがこれに当たる。製品やマニュアルなどを通して注意喚起することができるが、単に書けばよいというわけではなく、きちんとユーザーに伝わることが重要である。

6.3.3. 予防的アプローチとレジリエンス

本章ではここまでヒューマンエラーを予防したり、ヒューマンエラーが起こったとしても重大な事故につながらないようにしたりするという観点で安全へのアプローチを述べてきた。Hollnagel はこうしたリスクに対する予防的なアプローチを Safety-I とし、レジリエンスに基づくアプローチを Safety-II とした [17]。

レジリエンスとは、状況変化や外乱があっても調整して対応する能力のことである。いくらSafety-Iによるアプローチに取り組んでも、あらゆるリスクを網羅し、その対策を完備・遵守し続けることは難しいだろう。いくら考えても想定外の事象は起こりえるし、たとえ想定できていたとしてもその対策を毎回完全に遂行できるかとは限らない。こうしたことに対して、想定外の状況変化にも柔軟に対応し、事故の回避や被害の低減を図るにはレジリエンスが必要になる。Hollnagelらによるとレジリエンスは、（1）anticipate（状況変化の予見）、（2）monitor（状況変化の注意深い監視）、（3）respond（状況に応じた対応）、（4）learn（知識・経験による引き出しの多さ）の4つの能力から構成されるとされる。これらをシステムに関わる個々人および組織において高めることが重要になる。なお、Safety-IとSafety-IIは対立関係にあるわけではなく、双方の観点から安全に対してアプローチすることが必要になる。

6.3.4. ヒューマンエラーや事故の分析手法

　安全なモノ・コトのデザインを実現するには、起こった事故や類似する事故事例を分析し、再発防止の対策を取ったり、事前に起こり得る事故を想定し、それに備えたりすることが重要である。ここでは代表的な事故分析の手法をいくつか紹介する。

▌ FRAM [18]

　複数人のチームでの作業を考える際に、それぞれに重大なエラーや落ち度がなくてもコミュニケーションの齟齬などによって事故が起こることがある。こうした事故を機能共鳴型事故と言うが、その分析のための手法がFRAM（functional resonance analysis method）である。この手法では、まず事故に関わる個々の人やシステムがどんな機能を持っているかを明確にする。FRAMにおける機能は、以下の6つの要素で表す。そして各機能の連鎖を図に表現し、各機能の関係性と事故につながった時の状況を整理することができる（図6-7）。この図を基に、望ましいアウトプットを得るためには各機能やその要素がどうあるべきかを検討することができる。

・I（input: 入力）：機能のトリガー
・O（output: 出力）：入力されたIが以下のT, C, P, Rの影響を受けて変換されたもの

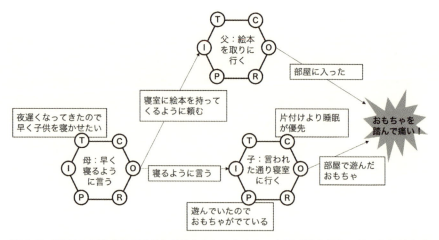

図6-7 FRAMの例（家で子どもが散らかしたおもちゃを足で踏んだということに対する分析例）

- T（time: 時間）：機能に影響を与える時間や時刻
- C（control: 制御）：機能の監視、制御される条件
- P（precondition: 前提条件）：機能が実行される前に存在する条件
- R（resource: 資源）：機能の実行において必要になる資源

SHEL分析 [18]

m-SHELモデルにおける各要素間の不整合は事故につながる。SHEL分析では、事故に関係する要素をm-SHELモデルの各要素（m、S、H、E、L、L）に割り付け、各要素の問題点や各要素間の関係性の問題を明らかにする（表6-1）。

表6-1 SHEL分析の例（家で子どもが散らかしたおもちゃを足で踏んだということに対する分析例）

要素	考えられる要因
L-S	・片付け場所や方法が理解されていない
L-H	・硬くて小さいおもちゃ
L-E	・暗い部屋だった
	・スリッパをはかない畳の部屋
L-L	・おもちゃを片付けなかった
	・絵本を取ってくるように頼まれた
L	・眠たくて注意散漫であった
m	・きちんと片付ける習慣やしくみができていない

RCA [19]

RCA (root cause analysis) は事故やインシデントを分析し、その根本原因を同定することで対策を立てるための方法である。実施手順としては、まずはRCAを実施するメンバーを集めチームを作る。その後、事故の出来事の流れ図を作成し、いつ、誰が、何をしたのか、という事実を時間経過と合わせて把握する。次に、作成した流れ図のそれぞれの事実に対して、その原因を検討する。これには、それぞれの事実に対して「なぜ？」と問いかけていく、なぜなぜ分析が活用できる。1つの事実に対して、「なぜ？」を3～5回程度（疑問が出なくなるまで）繰り返し、背後要因を把握する（図6-8）。ヒューマンエラーだけで終わるのではなく、それが起こった背後の要因まで考える。こうして導き出した事実と背後要因から、事故に関連する因果関係を整理し、根本原因を同定する。そして、それぞれの根本原因に対する対策を検討する。この時、なぜの深堀りが十分行われたか、対症療法的な対策になっていないかよく検討する。

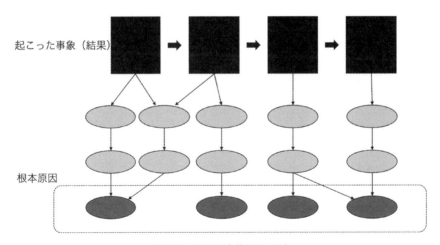

図 6-8　RCA の実施イメージ

FMEA

システムの構成要素ごとに、どのような故障やトラブルが生じ得るか、またこれらが生じた時どんな影響を及ぼすかを予測し、その対策を講じる手法をFMEA (failure mode and effects analysis) と言う。FMEA では、システムの要素、その機能、故障モード（予見される故障やトラブル）、推定される原因、故障

表 6-2　FMEA の例（生体計測実験を行う際に起こり得るエラーの分析例）

タスク	故障（エラー）モード	影響	影響の大きさ(1~10)	発生確率(1~5)	重要度	対策
実験内容を説明する	説明不足	理解が不十分なまま実験をしてしまう	6	2	12	説明資料、説明方法の工夫
		実験ができない	8	1	8	
同意を得る	記入漏れ	同意書が作成できない	8	1	8	ボールペンを準備しておく、記入個所をわかりやすくする
電極貼り付けの前処理を行う	実験参加者にアルコールアレルギーがある	アルコールを塗布し、症状がでる	8	2	16	事前確認方法の見直し

　モードによる影響（起こり得る事故など）、影響の大きさ（事故のひどさ）、故障モードの発生確率、そのトラブルの重要度（影響の大きさと発生確率の積）、対策を記述していく。これによりデザイン対象に起こり得る故障やエラーを事前に予測し、対策を講じる。また、これは作業プロセスやタスクにも適用可能で、医療安全などのために使われる Healthcare FMEA（HFMEA）などはこれに当たる。この場合は、システムの要素やその機能の代わりに、作業手順やその目的を記述する（表 6-2）。

参考文献

[1] 日経モノづくり(2009)事故の事典、日経 BP
[2] 石塚裕子・東俊裕(2021)避難行動要支援者の実態と課題―2018 年西日本豪雨　倉敷市真備町の事例から―、日本福祉のまちづくり学会　福祉のまちづくり研究、23, 15-24
[3] Murata, A. (2019) Safety engineering education truly helpful for human-centered engineering, In: Mohsen, J.P., et al. (Eds) Global advances in engineering education, CRC Press, 73-90
[4] 小松原明哲 (2022) 人にやさしいモノづくりの技術　人間生活工学の考え方と方法、丸善出版、120-122
[5] 荻須隆雄・齋藤歓能・関口準(編)(2004)遊び場の安全ハンドブック、玉川大学出版部
[6] Leveson, N.G. (2017) The Therac-25: 30 yeas later, Computer, 50, 8-11
[7] J. リーソン、林喜男 (訳) (1994) ヒューマンエラー 認知科学的アプローチ、海文堂出版、23-70

6. 安全のためのデザイン   115

[8] Swain, A., Guttmann, H.（1983）Handbook of human reliability analysis with emphasis on nuclear power plant applications（NUREG/CR-1278）, 1983

[9] 河野龍太郎・藤家美奈子・大塚勉（1996）最新型制御盤ヒューマン・マシン・インタフェースのヒューマンファクターの観点からの評価、日本プラントヒューマンファクター学会、1(1)、46-57

[10] Endsley, M.R.（2000）Theoretical underpinnings of situation awareness: A critical review, In: Endsley, M.R., Garland, D.J.（Eds）Situation Awareness Analysis and Measurement, CRC Press

[11] 警視庁（2020）幼児・児童の交通事故発生状況について、www.npa.go.jp/bureau/traffic/bunseki/kodomo/020324youjijidou.pdf

[12] 本間道子（2011）集団行動の心理学　ダイナミックな社会関係のなかで（セレクション社会心理学 26）、サイエンス社

[13] ジェラルド・J.S. ワイルド・芳賀繁（訳）（2007）交通事故はなぜなくならないか　リスク行動の心理学、新曜社

[14] 畑村洋太郎(2011)図解雑学　危険学、ナツメ社

[15] 山岡俊樹（編・著）、岡田明・田中兼一・森亮太・吉武良治（2015）デザイン人間工学の基本、武蔵野美術大学出版局、404-420

[16] 小松原明哲(2024)エンジニアのための人間工学　改訂第 6 版、朝倉書店、143-155

[17] Erik Hollnagel, Jeon Paries, David D.Woods, John Wreathall（編）、・小松原明哲（監訳）（2014）実践レジリエンスエンジニアリング　社会・技術システムおよび重安全システムへの実装の手引き、日科技連出版社

[18] 小松原明哲（2016）安全人間工学の理論と技術　ヒューマンエラーの防止と現場力の向上、丸善出版、245-262

[19] 石川雅彦(2012)RCA 根本原因分析法実践マニュアル第 2 版　再発防止と医療安全教育への活用、医学書院

7. ユニバーサルデザイン

7.1. ユニバーサルデザイン（UD）とは

7.1.1. インクルージョンという考え方

　ユニバーサルデザイン（UD）とは何かを考えるうえで、まずはインクルージョン（inclusion）という言葉を理解する必要がある [1]。インクルージョンという単語には包括するとか包み込むという意味があるが、UD の文脈では、障害がある人もそうでない人も、年齢が低い人も高い人も、どのような人もすべて包括して扱うという考え方を指す。すべての人を包括する、というのはわかりにくいかもしれないが、この逆の排除（エクスクルージョン）を考えるとわかりやすい。例えば、階段でしかアクセスできない建物は車いすユーザーやベビーカーユーザーを排除しているし、マウスによってしか操作できないコンピュータは肢体不自由者を排除していると言える。インクルージョンとは、つまりすべての人を排除しないということである。

　ここで述べた、階段しかない建物にしてもマウスでしか扱えないコンピュータにしても、なぜ排除が起こるかというと、相対するユーザー（例えば、車いすユーザー）とのインタラクション（ユーザーとモノ・コトとのやり取り）がうまくいっていないためである。つまり、人とモノ・コトとの不適合により、そこにアクセスできない・使えない人を排除することになってしまう。ここでは物理的にアクセスできないことを例に挙げたが、排除は物理的な困難さ・不便さを生み出すだけではない。排除されることは、疎外感・不公平感などにつながり心理的な苦痛も伴うことになる。例えば、駅などを考えてほしい。エスカレーターはわかりやすい位置にあり、その動線もスムーズになっている一方で、エレベーターは非常にわかりづらい場所にあり、スムーズに移動できず複雑に行ったり来たりしないといけない動線だと、車いすユーザーやベビーカー

ユーザーが利用する時にどう感じるだろうか。とあるビルの1階入り口の正面には3階のエントランスホールにつながる、わかりやすい大きなエスカレーター」がある一方で、エレベーターはわかりづらい位置にひっそりと隠れたところにある場合、エレベーターを使わざるを得ないユーザーはどう感じるだろうか。不便さを感じるのは当然として、なぜ自分だけが？ という疎外感を生み出すことは想像に難くない（筆者自身は車いすユーザーではないが、我が子が小さい頃にはベビーカー等での移動の際にこうした思いをよく実感した）。

このような事例だけでなく、排除は身の回りに多く存在する。以下にその一例を示す。

- コンピュータに詳しくないと使えないソフトウェアやユーザビリティに対する考慮が不足しており、使いづらいデバイス ⇒ うまく使えない人を排除
- 鍵盤幅の大きいピアノ ⇒ 女性や子どもなど手の小さい人を排除 [2]
- 女性の寸法や実験データを考慮せずに開発された製品（例えば、妊婦に標準のシートベルトは合わない、など）⇒ 女性を排除 [2]
- 紙の本 ⇒ 目が見えない人、本を手に持ってページをめくれない人、などを排除 [3]
- タッチパネルのみでの操作 ⇒ 視覚に頼れないユーザーを排除

7.1.2. 障害とは何か

すでに述べたように、排除は人とモノ・コトとの不適合によって起こる。前節で挙げた例を見てもわかるとおり、ユーザーの特性や利用文脈を正しく理解していなかったり、多様性を考慮していなかったりすることが不適合の原因である。こうした不適合が起こるのはデザイナーをはじめとしたモノ・コトを作る側の配慮不足にある。自分のデザインは誰かを排除していないか、誰かを悲しませていないか、ということを考えることはデザイナーの重要な責任である。これはUDにおいて中心的な話題になる「障害」についても同様に捉えることができる。排除と同様に、個々人の健康状態や能力・機能の差異が障害なのではなく、人とモノ・コト（社会や環境も含む）が不適合な状態にあることが障害なのである。モノ・コトが生み出す不適合が原因にあるのだから、モノ・コトをうまくデザインできれば障害（不適合）は減らせるはずである。

こうした視点に基づく障害の捉え方としては、WHO（世界保健機関）の

2001年の総会で採択された国際生活機能分類（ICF）というモデルがある [4]。ICFは心身機能に制限がある人など特定の人を分類するためのモデルではなく、すべての人についての分類であり、図7-1のように表される。このモデルのポイントは、生命、個人、社会の各レベルの生活機能はモデル中のすべての要素が相互に影響し合う相互作用モデルであるという点にある。この相互作用には、プラスの影響とマイナスの影響がある。例えば、路面の点字ブロック（環境因子）は、視覚機能に制限がある場合は活動にプラスの影響を与えるが、下肢機能に制限がある場合は活動にマイナスの影響を与える、などということである。そして、このマイナス面の影響によって生活機能が阻害されることを障害と捉える。つまり、背景因子（物理的環境、人的支援や社会制度など）によって障害や生活機能の阻害状況は変わるということであり、決して個人の心身機能のみによって活動・参加が制限されるというものではない。

　例えば、通勤・通学という生活行為の阻害状況について考えてみると、通勤経路の電車が止まるという環境因子があった場合、普段、電車を使っている人（個人因子・ライフスタイル）は目的を達せず活動に制限が生まれる。その一方で、リモートワークの人（個人因子・ライフスタイル）なら何ら不自由は生じない。また、妊娠しているという健康状態であった場合、満員電車で立ちっぱなしの電車通勤なら通勤が困難になり活動が制限される一方で、マタニティマーク、優先座席、産休など（環境因子・社会制度）によって緩和できる可能

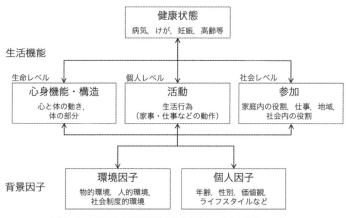

図7-1　国際生活機能分類（ICF）の生活機能モデル

性もある。我々が何らかの活動や社会参加を行うに際しては、自分自身だけでなく、周りの環境や自身を取り巻く状況からの影響が大きいのである。

　こうした障害の捉え方は社会モデルと呼ばれるものであり、このモデルではここまで述べたように、社会環境が障害を生み出すと考える。そして、障害は個人に帰属するものではない（人が害なのではない）ということである。障害を生み出す社会環境を改善するための1つの考え方として、合理的配慮というものがある。我が国においても2021年に障害者差別解消法が一部改正され、2024年4月より民間事業者においても合理的配慮が義務化されたため、合理的配慮についての関心は高まっている。これは、心身の機能の制限によって排除されることなく公平になるように、必要・適当な変更や調整を加え、社会環境が生み出す障害を取り除くことである。

　例えば、階段でしかアクセスできないレストランは車いすユーザーにとって障害を生み出す。これに対して、店の従業員が補助したり（短期的）、スロープの設置を検討したり（中長期的）という措置をとることが合理的配慮の一例になるだろう。ただし、ここで重要なことはバリアフリー法などで定められる設備や環境の整備だけをすればよいということではなく、障害に直面している多様なユーザーそれぞれの特性や状況を考慮して適宜変更や調整をすることであろう。例えば、レストランを探し、そこで食事を楽しみ、退店するというサービス全体を考えると、単にスロープの設置だけで多様なユーザーの障害すべてに対処できるわけではないだろう。また、スロープの設置などといったハードウェアの変更はコストやスケジュールなどの観点から対応が難しい場合もあるかもしれない。つまり、「単にこの対応をすれば合理的配慮になる」と

図7-2　平等と公平の違い

いうことではなく，個々のユーザーとの対話を通して障害を取り除いたり軽減したりする方法を検討することが肝要である。図7-2に示すように、すべての人に同じモノ・コトを提供する「平等」では多様なユーザーすべてを包括することが難しい場合、「公平」になるような配慮が必要になる。

7.1.3. インクルージョンを実現するためのUD

　ここまでインクルージョンと障害について述べてきたが、障害を減らし、インクルージョンの実現に役立つデザインの考え方がUDである。本書では、UDを多様なニーズを持つユーザーに公平に満足を提供できる、製品、サービス、環境や情報をデザインするという考え方・プロセスとする。

　UDというと、心身機能に制限がある人や高齢者のためのデザインと思われる場合も多いが、これはUDの1つの側面に過ぎない。4章でも説明したようにユーザーとは多様である。そうした多様性を考慮できていないと、特定の人に対する排除が起こり得る。また、心身機能の制限にしても特定の人だけの問題ではない。先天的な機能制限だけでなく、事故、病気や加齢による後天的な機能制限は誰にでも起こり得るし、病気、けが、妊娠といった健康状態の変化による一時的な機能制限や、子ども連れ、大きい荷物を抱えていて手がふさがっている、外国に滞在している、停電した、など状況による機能制限は誰にでも起こり得る。つまり、多かれ少なかれ、誰もが心身機能の制限を経験するのである。こうして考えると、UDとは特定のマイノリティを対象にした話ではなく、我々全員に関連する重要な観点であることがわかるだろう。

　UDという概念は、アメリカの建築家、プロダクトデザイナーであり、自身も車いす利用の当事者であったRonald Maceが提唱した。彼自身が車いすユーザーであったため、なぜ自分だけ不便な思いをして、余分なお金を払って、そのうえ美しくないものや自分に合わないものを使わなければならないのか、という問題意識があったと言われている。この状況に対し、一般マーケットで流通する汎用品のデザインを工夫することで、より幅広い人をカバーできるはずだと考えたものがUDである。

　UDについての理解を深めるうえで、バリアフリーとの違いを考えるとわかりやすい。バリアフリーも類似する文脈でよく使われるが、こちらは社会参加を阻む、すでにあるバリアを除去するという考えが根底にある。そしてマイノ

リティの人に対して、特殊品や専用品によって特別扱いして解決しようというアプローチである。例えば、駅の階段に車いす用昇降機を設置するようなことがこれに該当する。これに対してUDは、特定の人を特別扱いするのではなく、そのニーズをほかの人にもメリットがある形で拡張し、できる限り幅広い人にとって使いやすくするという考え方である。例えば、先ほどの例に対応して考えると、エレベータであれば車いすユーザーだけでなく、ベビーカーユーザー、大きな荷物を抱える人、松葉杖の人など多くのユーザーにとってメリットがある。ポイントとなるのは、特定の人のニーズに対して、特定の人向けのモノ・コトを開発して問題を解決するのか、そのニーズを起点に、より幅広い人に対応できる方策を考えて汎用品として展開することで解決するのか、という点である。

7.1.4. UD というアプローチの特徴

　ここではUDを実施するうえでの考え方を説明する。まずUDというとよく誤解されるのが、1つの製品で全員を満足させるものではないのか、ということである。UDは前提としてユーザーの多様性を考えるものである。次節でも述べるが、例えば視覚機能の制限について考えてみても、その特性は一概にまとめられないくらい幅広い。そうした状況において、万人に合わせた最大公約数的なデザインを志向しても結局誰にも適さないということは容易に想像できる。1940年代の戦闘機のコックピットの設計において、パイロットの身体に合うコックピットを設計するために数千人のパイロットの身体寸法を測定し、その平均値に基づいてコックピットの各部の寸法が検討されたことがあるそうだ[1]。この時、身体寸法の結果に基づいて検討した10カ所の寸法すべてにぴったり合うパイロットは数千人中1人もいなかったそうで、結局1人ずつ好ましい寸法にできるように調整可能な設計にしたと言われている。この人間工学分野の過去の取り組みの例からもわかるように、みんな少しずつ何かしら異なるので、例えば靴や服のようにサイズやバリエーションに幅を持たせるなどして、多様なユーザーのニーズを満たすことを考える必要がある。UDは決して、1つの製品で全員の満足を目指すものではないのである。

　またUDを実施する際のキーワードとして「Nothing About Us Without Us（私たち抜きで私たちのことを決めるな）」というものがある。これは障害者の権

利に関する条約を作る際に世界中から集まった当事者の合言葉である。当事者の意見や実状を知らない人が政策を決めても、実際の利用者には役に立たないことがある、ということに対する言葉である。人間中心デザインの基本的な考えにあるように、直接ユーザーと会話したり、ユーザーを観察したりしないと二次的理解は形成できず、ユーザーの利用文脈を理解することはできない。そして利用文脈を知らずして、ユーザーのニーズを満たすことはできない。UDにおいて多様なユーザーのニーズを考えるに当たっても同様であり、その多様性や、どこで、どう排除が起こっているかについて正しく認識する必要がある。

　UDと類似する概念としてインクルーシブデザインというものもある。これはRCA（イギリス王立芸術大学院）のRoger Cormanが提唱した概念であり、UDと比較してデザインする過程によりフォーカスしたものであると説明されることが多い。排除されている人をデザインの上流工程から巻き込んで、排除されている人とともに解決策を考えるということである。しかし、ニュアンスは少し違うかもしれないが目指すところはUDと同じであり、筆者としては特別に区別して捉える必要はないと考える。UDにおいてもデザイン過程を考えていないわけではなく、ここで述べたNothing About Us Without Usなどは両者に共通する発想であろう。ほかにもアクセシブルデザイン、デザインフォーオール、共用品などさまざまな類似する言葉もあるが、これについても同様に考える。いずれもインクルージョンを実現するための理念や手段であり、結果としてインクルージョンを実現することが最も重要なのである。

7.2. UDに関わるさまざまな心身機能の制限

　前節において、UDとは機能制限がある人や高齢者のためだけのものではないことは述べたが、こうした特性を持つ人が排除の対象になることは多く、その特性を理解しておくことは重要である。本節では、加齢による身体・心理面の変化やさまざまな機能制限の種類と特性について代表的なものを説明する。ただし、ここで述べる特性は一般的特性の一部であり、これらによってすべてを把握できるわけではないし、実際には個人差もある。あくまでもユーザーの多様性を捉えるための視点の1つと理解していただきたい。

7.2.1. 加齢による心身の変化

代表的な加齢による心身の変化を表7-1に示す（文献 [5-10] を参考に作成）。

表7-1 加齢による心身の特性の変化 [5-10]

運動能力	動作が緩慢になり、反応時間が遅くなる。 歩行スピードと歩幅が減少する。 脚が上がりにくくなり、小さな段差でもつまづきやすくなる。 手指のポジショニングや微調整が難しくなる。
視覚	視力が低下する。 水晶体の白濁と黄変によりコントラストの少ない表示が見にくくなる(青や黄色が特に見えにくい)。
聴覚	高音域(特に2kHz以上)が聞き取りにくくなる。 小さい音が聞き取りづらくなる。 話し言葉が速いと聞き取りが難しい。
嗅覚	識別できる匂いの数が減る(ガス漏れ、腐った食べ物などを検知しづらくなる)。
皮膚感覚	感覚が鈍り、突起や手触りの変化を識別しにくい。 温度感覚の閾値が高くなり、凍傷や低温火傷に気付きにくい。 温度の変化に鈍感になり、体温調節がうまくできなくなる。
認知特性	短期記憶量が減少する。 エピソード記憶能力が減少する。 必要な情報の取捨選択が困難になる(選択的注意能力の低下)。 新しい記憶の再生がしづらくなる。 新たなルールの学習・利用が困難(メンタルモデルの構築が困難)になる。 課題達成のための計画設定が困難(プランニング機能の低下)になる。 流動性知能(新しい環境に適応するための問題解決能力)が低下する。

7.2.2. さまざまな心身機能の制限

心身機能の制限には、肢体不自由、視覚機能の制限、聴覚機能の制限、声帯・言語機能の制限、内部機能の制限、色覚の制限、脳機能の制限など多岐にわたるものがある。ここでは文献 [11] を参考に、代表的な特性を列挙する。まず表7-2に代表的な肢体不自由者の種類とその特性を示す。

次に、視覚機能の制限について述べる。まず、視覚機能に制限のある人のうちの約30%が全盲であると言われている。全盲はその名のとおりまったく見えないが、中には明暗の区別がつく人もいる。白杖（足元）、手（正面）で周囲を探ることはできるが、肩から上は探れないため、突起物等があると顔に当たることがある。また先天性視覚障害の場合は、言語による説明だけでは理解できない場合もあり、こうした場合は触って確認してもらう必要がある。後天

7. ユニバーサルデザイン　125

表 7-2　肢体不自由者の特性 [11]

下肢不自由者 （車いす）	視線の高さ、姿勢、手を使っての動作、移動等に制約がある。 正面以外は片手での動作となるため、上半身のバランスを崩しやすい。 手動式車いすの場合、荷物は膝の上に載せて運ぶ。 踏ん張ることができない。 ドアの開閉に力がいる。
片麻痺	すべてが片手操作になり、両手操作が必要なものは使えない。
慢性関節リウマチ	関節が固まることで細かい動作や大きな関節動作ができなくなる。 肩が上がらないので高いところに手が届きにくい。
義足・義手	感覚を伝えるわけではないので、義足・義手を使った操作は視野内に入っていないと難しい。

性視覚障害の場合には、点字を扱えない人が多い（点字を扱えるのは、視覚機能に制限がある人のうちの約 10％と言われている）。全盲以外の残りの 70％ はロービジョンと呼ばれる人たちである。ロービジョンとは WHO の定義によると、矯正視力が 0.05 以上 0.3 未満の人とされている。しかし、単に視力の低さだけでその特性を理解することはできず、その症状はさまざまで、視野の周辺部が見えにくい視野狭窄、視野の中央部が見えにくい中心暗転、両眼で見ても左右どちらか半分しか見えない同名半盲、光を異様にまぶしく感じる羞明などがある。

　また、視覚のうち色を感知するいずれかの錐体に異常がある場合を色覚異常と呼ぶ。こうした色覚に制限がある人は非常に多く、男性だと約 20 人に 1 人、女性だと約 500 人に 1 人であり、全世界では約 3 億人がいると言われている。色覚異常には、赤錐体（L 錐体）が機能しない 1 型 2 色覚（P 型）、緑錐体（M 錐体）が機能しない 2 型 2 色覚（D 型）、青錐体（S 錐体）が機能しない 3 型 2 色覚（T 型）などが代表的なものとしてある。P 型と D 型は比較的似たような見え方であり、緑色と赤色が似たように見えてしまう。

　聴覚機能の制限には、伝音声難聴と感音性難聴がある。伝音声難聴は音を伝える機能に制限があるため、大きくゆっくり話せば聞き取れる場合もある。一方、感音性難聴は音を感じる機能に制限があるため、大きな声で話したとしても聞こえない。聴覚に頼れないので、視野の外の情報を得づらいので、周囲の動作音・警告などを検知することが難しい。また口頭での意思疎通が困難なため、他者とのつながりが弱くなりやすいと言われている。さらに、聴覚機能に

制限がある人の一番の特徴は、日常の中で多くの不便があるにもかかわらず見た目にはわかりづらいという点である。

7.2.3. 一次的な機能制限

一時的な機能制限としては、けがや病気のほか、妊婦、乳幼児・子ども、外国人などが当たる。妊娠中は、立ち座りが困難になったり、重心が変わることによりバランスを崩しやすくなったり、腹部を圧迫するような姿勢（前かがみ、しゃがみ姿勢など）を取れなくなったりする。子どもであれば、身長が低いので高いところでの動作が難しい、片足立ちでの作業が難しい、小さな凹凸で躓きやすい、文字による案内がわかるわけではない、保護者がサポートするためのスペースが必要になる、などの制限がある。また外国人の場合には、言葉や文化の違いによって理解が難しいことが生じるなどといったことがある。

7.2.4. 状況による機能制限

状況による機能制限としては、子連れでベビーカーを押しているとか、抱っこしているとか、または大きな荷物を抱えている、などが考えられる。子連れの場合、トイレ、授乳、食事などにおいて専用の道具・設備や、親がサポートできるスペースが必要になる。このほか、暗い環境にいる人は視覚に制限が生じるし、工場など騒音環境にいる人は聴覚に頼れない。また切迫した状態にあれば、適切な判断ができない。

7.3. UD の実践におけるデザイン原則

本節では、UD を実践する際に考えるべき具体的なデザイン原則について述べる。

7.3.1. UD の 7 原則

まず UD の実践のためのデザイン原則として最も有名なものは、Ronald Mace らが提唱した UD7 原則である。以下にこの 7 原則を示す。

① 公平な利用ができる：差別や特別扱いがなく、すべての人にとって魅力がある。

② 柔軟性のある使い方ができる：使う際の自由度の高さや選択肢がある。

③ 簡単で直感による使い方ができる：単純で明快な使用方法であり、幅広い読み書き・言語・認知能力に対応できる。

④ わかりやすい情報である：感覚・言語・認知能力によらず情報が伝わる。

⑤ エラーに対して寛容である：意図しない動作があっても重大な損害を生まない。

⑥ 身体的な負担を少なくする：最小限の労力で使うことができる。

⑦ 近づいたり使用したりするための大きさや広さがある：体格や運動能力によらず利用でき、また利用や介助のためのスペースが十分にある。

7.3.2. UD のための配慮事項

UD7 原則は UD を行うための大きな指針と言えるが、実践に際してはより具体的な配慮事項を念頭に置くとわかりやすい。5 章で説明した種々のデザイン原則と類似・重複する部分もあるが、ここでは特に UD のために重要な点に焦点を当てて述べる（山岡 [12] のユニバーサルデザイン項目を参考に改変）。

(1) 情報入手のしやすさ

視覚や聴覚といった感覚特性に制限があるユーザーでも情報入手がしやすいように、こうした感覚機能に配慮したデザインが必要になる。

視覚への配慮

まず見やすさを考えるには、以下の 4 条件を考慮することが基本である。

① 視角（大きさ）：小さすぎると見えない。

② 明るさ：暗いところでは見えない。

③ コントラスト：白い紙の上に白いペンで書いても見えない。

④ 露出時間：瞬間的に提示された情報だと見えない。

視角に関しては、文字サイズを決めるための知見として JIS S0032 高齢者・障害者配慮設計指針において最小可読文字サイズの推定法が示されている。これは観測条件（視認する環境の輝度）における視力、視距離、文字の種類（フォント、ひらがな、カタカナ、漢字の画数など）を考慮して文字として認識できる最小の文字サイズを推定する方法である。より簡便な方法としては、

文字高さ（mm）＝ 視距離（mm）/200 という式も利用できる [13]。

　文字や文章の見やすさに関しては、視認性（文字として認識できるか）、可読性（文字・文章が読みやすいか）、判読性（読み間違い、見間違いをしにくくないか）という観点を考える必要がある。UD の観点では、文字の見やすさを考慮した UD フォントがさまざまなフォントメーカーによって開発されている。こうしたフォントでは、例えば1と7やIとlといった見間違いやすいフォントの形がわかりやすくなっていたり、小さくても読みやすくなっていたり、読み間違いしにくい形状の工夫がなされていたりする。

色覚への配慮

　配色にも注意が必要であり、文字色と背景色の明度差を確保することで視認性・可読性は高くなる。この点を定量化するために、コントラスト比という指標が用いられる。コントラスト比とは、明るい色の相対輝度 L1 と暗い色の相対輝度 L2 から求められ、(L1 ＋ 0.05) / (L2+0.05) で表され、最大で 21:1（白地に黒文字）、最低で 1:1（白地に白文字）となる。詳細な説明はここでは省くが、コントラスト比を算出するためのツールは多く提供されている。ウェブアクセシビリティのガイドライン（WCAG）では、最低限 4.4:1 以上、理想としては 7:1 以上のコントラスト比であることが好ましいとされている [14]。ロービジョンの人の場合、背景が暗く、文字が白い方が見やすい場合もある。

　配色に関しては、色覚への配慮も重要である。色覚異常の種類によって見分けづらい色があるので、配色に注意を払ったり、明度差を付けたりする必要がある。また色以外の手段（背景柄や文字情報など）でも情報を識別できるようにすることも有効である。色覚のシミュレーションツールがあるので、そうしたツールを使い、どのような見え方になるかを確認することもできる。

視覚に頼らない情報提示 [15]

　視覚に制限がある、もしくはまったく頼れないユーザーに対しては、聴覚や触覚などほかの感覚による情報提示を併せて行うことが有効である。このように単一の方法だけでなく、複数の方法を提供することを冗長設計と言う。

　聴覚による情報提示としては、音声案内、音によるサインや音のランドマーク（サウンドマーク）がある。音のサインとは、音声ではなく特定の音でその

場所に何があるかを示唆するものである。例えば、トイレの場所を示すために水の流れをイメージさせる音を流す、などである。また音のランドマークとは、空間認識の手がかりとなるような音を空間内の適当な場所に配置することで、視覚に頼らなくても空間の構成をわかりやすくするものである。ただし、すでに音がたくさん聞こえる場所にこうした音を付加していっても騒々しくなり、必要な情報を判別できなくなる場合もある。役立つ音情報を得るためには、騒音などの不要な音を低減させることも同時に考える必要がある。また音を付与するだけでなく、天井の形状や高さを変えることで、音の響き具合の違いから空間の違いをわかるようにするという考え方もある。

触覚による情報提示としては、点字ブロックや床の材質を変えるといった方法がある。点字ブロックでは、移動の方向、注意する箇所、侵入してはいけない範囲などの情報を提示できる。また、床の材質も重要な情報になる。硬い床やカーペットなど空間の違いよって材質を分けることで、それぞれの空間について認識ができる（図7-3）。

図7-3　床の材質の違いの例（この例では店内は木の床で通路はカーペットになっており歩き心地や足音で区別がつく）

聴覚への配慮

聴覚機能に制限がある人への配慮としては、聞き取りやすい環境を考える必要がある。騒音が少なく、音が響きにくい環境で、アナウンスなどが必要な場合にはゆっくり、はっきりと話すようにする。また聴覚機能にまったく頼れないユーザーに対しては、視覚や触覚などのほかの感覚を使った情報提示が必要

図7-4 コミュニケーション支援ボード[1]

になる。例えば、音のみで知らせるインターホンでは気付けないので、音と光で知らせ冗長性を持たせるといったことである。また、イラスト、ピクトグラムや文字でやり取りするコミュニケーション支援ボード（図7-4）などを使うこともできる。

(2) 理解・判断のしやすさ

理解が苦手なユーザー、初めて使うユーザーや異なる文化圏のユーザーなどに対しては、入手した情報を理解・判断しやすくするために、認知機能に配慮する必要がある。

認知機能への配慮
①記憶負担の軽減

人の記憶特性を考慮し、その負担を軽減する。5.4節でも述べたが、再生（記憶を直接的に思い出す）よりも再認（すでに知っていることを認識する）の方が容易であるため、再認できるようなデザインを検討する。また短期記憶容量には限りがあるので、あまり多くの短期記憶を求めないことや、短期記憶をしている時にほかのことを考えさせないということも必要である。

②フィードバック

行為の7段階モデル（3.3.7節）にあるように、モノ・コトとのインタラクションを理解するには、評価の淵を超える必要がある。そのためには、ユーザー自身が行った行為に対してモノ・コトの状態がどうなったのかを知る必要がある。操作をした結果どうなったのか、現在の状態はどうなっているのか、エラーが起こったのか、エラーが起こったならなぜエラーが起こったのか、などの点をユーザーにわかりやすく伝える必要がある。

③仕様・機能が見える

説明書を読まなくてもいろいろな手がかりによって操作方法が直感的にわかるようにする。5章で述べた、シグニファイア、ポピュレーション・ステレオタイプ、メタファなどを活用することで直感的にわかりやすくなる。

④ユーザーが容易に理解できる情報を提示する

ユーザーの習熟度・知識レベルを考慮した情報の提示を行う。特に、モノ・コトの中で使われる用語がわからないと理解が難しくなる。ユーザーにとって容易にわかる用語を使ったり、イラストを併用したりするとよい（図7-5）。

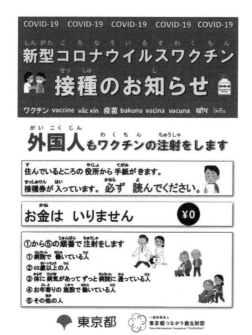

図7-5　やさしい日本語によるワクチン接種ポスター[2]

(3) 操作のしやすさ

車いすユーザー、肢体不自由者、筋力の弱いユーザー、子ども、左利きユーザーなどによる操作のためには、皮膚感覚や体格・運動能力に配慮する必要がある。

皮膚感覚への配慮
①操作具とのフィット性

操作のために使う効果器（手や足）とのフィット性を向上させるために、握りやすく、滑らない形状や材質を採用する。また、自然な姿勢で作業できるようにする。

②柔らかい素材の採用

イスの背もたれなど、皮膚が直接あたる場所にエラストマなどの柔らかい素材を使用する。

体格・運動能力への配慮
①位置関係

自然な姿勢で作業できる高さ、奥行き、傾斜にする（図7-6）。

②操作方向と操作力

回転させる力、押す力、引く力およびその方向を考慮し、力を発揮しにくいユーザーでも操作できるようにする。

③十分なスペース

ユーザーがアクセスし、操作をするのに十分なスペースを設ける。また介助が考えられる場合には、そのスペースについても考慮する（図7-7）。

図7-6　高いところに手が届かないユーザー向けの自動販売機

(4) 多様性への配慮

特定の特性を持つユーザーだけが利用するモノ・コトというのは稀で、多くの場合は多様なユーザーが利用することを考慮する必要がある。

図 7-7 車いすユーザーでも一緒に使える備え付けのイスとベンチ（手前側にはイスがなく車いすでも使うことができる）

①調整

体格、運動能力、認知機能、操作に対する習熟度、機能制限の有無などがさまざまなユーザーに対応できるようにする。例えば、高さを調整できるイス（ある範囲内を自由に調整できる）や、エレベータの操作盤の高さ（段階を設ける）などがある。

②冗長さ

1つの情報や操作方法だけでなく、代替手段を用意する。情報入手の観点で言えば、例えば歩行者用信号は色（赤、青）、形状（止まっている人、進んでいる人）、光る位置（上、下）、音など複数の情報で信号の状態を表している（図 7-8）。操作の観点で言えば、手でも足でも操作できる給水機などである。

図 7-8 情報入手における冗長さの例（歩行者用信号）

(5) エラーへの対応

意図しない動作があったとしても、不安全にならないような配慮が必要である。6.3.2 節で述べた観点を参考にする。

引用

(1) 内閣府コミュニケーション支援ボード、
https://docs.google.com/viewer?url=https%3A%2F%2Fwww.my-kokoro.
jp%2Fcommunication-board%2Fpdf%2Fcommunication_board_original.pdf

(2) 東京都生活文化スポーツ局(2021)やさしい日本語(にほんご)、
https://www.seikatubunka.metro.tokyo.lg.jp/chiiki_tabunka/tabunka/
tabunkasuishin/0000001630.html

参考文献

[1] キャット・ホームズ、大野千鶴(訳)(2019)ミスマッチ　見えないユーザを排除しない「インクルーシブ」なデザインへ、ビー・エヌ・エヌ新社

[2] キャロライン・クリアド＝ペレス、神崎朗子(訳)(2020)存在しない女たち　男性優位の世界にひそむ見せかけのファクトを暴く、河出書房新社

[3] 市川沙央(2023)ハンチバック、文芸春秋

[4] 厚生労働省(2002)「国際生活機能分類─国際障害分類改訂版─」(日本語版)の厚生労働省ホームページ掲載について、https://www.mhlw.go.jp/houdou/2002/08/h0805-1.html

[5] ユニバーサルデザイン研究会編(編・著)(2008)人間工学とユニバーサルデザイン　ユーザビリティ・アクセシビリティ中心・モノづくりマニュアル、日本工業出版

[6] 近藤勉(2001)よくわかる高齢者の心理、ナカニシヤ出版

[7] 原田悦子(2003)認知科学の探究　「使いやすさ」の認知科学　人とモノの相互作用を考える、共立出版

[8] 北島宗雄・熊田孝恒・小木元・赤松幹之・田平博嗣・山崎博(2008)高齢者を対象とした駅の案内表示のユーザビリティ調査 認知機能低下と駅内移動行動の関係の分析、人間工学、44(3)、131-143

[9] 全米建築家協会、湯川聰子・湯川利和(訳)(1992)高齢者のための建築設計ガイド、学芸出版社

[10] 日本建築学会(編)(1994)高齢者のための建築環境、彰国社

[11] 国際ユニヴァーサルデザイン協議会(2014)知る、わかる、ユニヴァーサルデザインIAUD UD検定・中級　公式テキストブック、一般社団法人国際ユニヴァーサルデザイン協議会

[12] 山岡俊樹(編・著)、岡田明・田中兼一・森亮太・吉武良治(2015)デザイン人間工学の基本、武蔵野美術大学出版局、378-402

[13] エティエンヌ・グランジャン、中迫勝・石橋富和(訳)(2002)オキュペーショナルエルゴノミックス 快適職場をデザインする、ユニオンプレス、152

[14] W3C. (2023) Web Content Accessibility Guidelines (WCAG) 2.1, https://www.w3.org/TR/WCAG21/

[15] 一般社団法人日本福祉のまちづくり学会 身体と空間特別研究委員会編、原利明・伊藤納奈・太田篤史・船場ひさお・松田雄二・矢野喜正(編・著)(2020)ユニバーサルデザインの基礎と実践　ひとの感覚から空間デザインを考える、鹿島出版会

8. ユーザエクスペリエンス（UX）

8.1. なぜUXが重要なのか：モノから体験・経験への転換

8.1.1. UXが注目される背景

　20世紀以前のモノづくりは、いわば大量生産・大量消費の時代であった。図8-1のように、ユーザーの求める機能や性能を提供するために、高機能・高性能なモノを作れば、それが他社との差別化になり、ユーザーに価値を訴求できるという考え方である。ユーザーが望む機能・性能に対して世の中の製品の機能・性能が不足していればこれを埋めることで十分に価値を訴求できたし、少しでも多くこのギャップを埋めることが他社との差別化につながった。しかし、時代が進むにつれて人々の生活が豊かになり、モノがあふれるようになると、コモディティ化が進み、単に高機能・高性能なだけではユーザーに価値を訴求することが難しくなってきた。

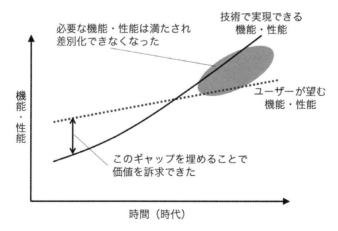

図 8-1　ユーザーが求める機能・性能と実現できる機能・性能の関係
　　　（文献 [1] を参考に改変）

ユーザーの生活が豊かになり必要な機能・性能が満たされてくると、製品の新機能を追加したり、その性能を向上させたりしたとしてもユーザーの要求を超えたところでは価値を訴求できず、競合製品との差別化につながらない。こうなってくると単に高機能・高性能なモノを作るだけでは不十分で、モノ・コトの利用を通じていかにユーザーにとって価値ある経験を提供できるか、モノ・コトを使う意味を見出してもらえるか、という観点を考える必要が出てきた。このようにモノ・コトの利用から得られる経験に価値を見出す「経験価値」に着目するアプローチの重要性が高まる中で、デザインやマーケティングの分野においてユーザエクスペリエンス（UX）という観点が注目されていった。

8.1.2. 提供する側の視点から見た体験・経験の重要性

まずここでは、モノ・コトを作り提供する側の観点から、ユーザーの経験（UX）の重要性を紹介したい。機能の豊富さや性能のよさだけに着目するならいかに合理的・功利的に安くてよい製品を購入するか、という点が強調されるが、前項で述べたように機能的な差別化が難しくなってくると、この考え方だけでモノの消費を捉えることは難しくなる。そうした中でマーケティング分野では、消費者個人の感情、意味付けや象徴的側面などといった消費そのものの経験（消費経験）に意義を見出す考え方が出てきた。Holbrook と Hirschman は消費経験を、Fantasies、Feelings、Fun の追求を志向した現象であるとした [2]。

またコモディティ化を防ぎ、ユーザーに新たな価値として経験価値を提供するための考え方として、経験経済 [3] や経験価値マーケティング [4] というものがある。コモディティ化とは、価格以外の要因で他製品との差別化ができなくなり、価格の安さだけが基準となって消費者に製品が選ばれるような状態である。Pine & Gilmore によって提唱された経験経済では、ビジネスにおいて経験という価値に着目する重要性が示されている。この考え方においては、表8-1 に示されるコモディティ、製品、サービス、経験、さらには変革へと経済価値の段階が上がることでより大きな価値が生み出されるとされる。個々の顧客に合わせてカスタマイズされることで、それぞれが上の段階の経済価値へと移る。

ここで言うコモディティとは、代替可能な自然からの産物そのものであり、その例としてコーヒー豆の例が挙げられる。品種や等級など同じであれば、だ

表8-1　経験経済における経済システム [1]

経済価値	コモディティ	製品	サービス	経験	変革
経済システム	農業経済	産業経済	サービス経済	経験経済	変革経済
経済的機能	抽出	製造	提供	演出	誘導
売り物の性質	代替できる	形がある	形がない	思い出に残る	効果的
重要な特性	自然	規格	カスタマイズ	個人的	個性的
供給方法	大量貯蔵	在庫	オンデマンド	一定期間見せる	長期間維持する
売り手	取引業者	メーカー	サービス事業者	ステージャー	ガイド
買い手	市場	ユーザー	クライアント	ゲスト	変革志願者
需要の源	性質	特徴	便益	感動	資質

れが扱おうが違いはない。そして、これを加工したり規格化したものが製品であり、メーカーによって特徴が異なる。コーヒーの例で言うなら、豆を挽いてパッケージングしたコーヒー紛がこれに当たる。これがサービスになると、形のない活動になる。製品を、顧客の要望に応じてカスタマイズして提供するものである。顧客が自分でしたくない、もしくはできない仕事を他人にしてもらうことと言える。コーヒーの場合、喫茶店やレストランでコーヒーを淹れてもらうことになろう。さらに上の段階である経験になると、単に仕事をしてもらうだけでなく、より魅力を感じ、思い出に残る出来事となる。おしゃれでよい雰囲気のカフェで、丁寧にこだわって淹れられたコーヒーを飲みながら特別な時間を過ごす、というように顧客の心に残る雰囲気や特別な空間などによって、より魅力的な経験を提供することがこれに当たる。こうした経験のさらにその先としては、変革という経済価値が提唱されている。経験をさらにカスタマイズし、顧客の潜在的・本質的な要求にぴったりの経験を提供できれば、顧客の人生を変えるような影響を及ぼすことができるかもしれない。

　また経験経済においては、よりよい経験を作り出すための4Eという領域を提案している（図8-2）。これは、横軸である顧客の参加度（単なるサービスの受け手となるか、顧客自身が積極的に経験につながる行為に関わるか）と、縦軸である顧客と経験の結びつき（経験に夢中になっているか、経験の一部になりきり投入されている状態か）の2軸によってできる4象限の頭文字である。第1象限がEducational：教育（積極的参加、経験に夢中）、第2象限がEntertainment：娯楽（受動的参加、経験に夢中）、第3象限がEsthetic：美的（受動的参加、経験に投入）、第4象限がEscapist：脱日常（積極的参加、経験に

投入）である。それぞれの例としては、何かを学び知識やスキルを身に付ける（Educational）、演劇を見る（Entertainment）、美術館に行く（Esthetic）、テーマパークで遊ぶ（Escapist）などがあろう。また、これらの領域の複数が組み合わさった経験も多くある。例えば、音楽フェスで音楽に合わせて一緒に歌ったり踊ったりするという経験は、Entertainment と Escapist の組み合わせと考えられる。

図8-2　経験経済における4E

経験経済においてよりよい経験を生み出すための1つの方策として、ユーザーがどういった経験であるかを認識できるようなキュー（経験を知覚する手がかり）という観点がある [3]。コンセプトに対して矛盾したり逆効果になったりするキューを取り除くことと、コンセプトに合った五感に訴えかけるキューを導入することで、ユーザーによりよい経験を感じてもらうことができる。

Schmitt は経験価値の高い経験を提供するためのマーケティング戦略として、経験価値マーケティングを提唱している。これは経験価値の最大化を目的としたものであり、経験価値を経験価値モジュールと呼ばれる5つの構成要素に分け、これらの観点から顧客経験を検討する考え方である。経験価値モジュールは、SENSE（感覚的経験）、FEEL（感情的経験）、THINK（認知的経験）、ACT（行動的経験）、RELATE（関係的経験）から成る。SENSE は消費者の五感に訴求する要素（例：色や形の美しさ）、FEEL は消費者の内面の感情に関する要素（例：製品に感じる愛着）、THINK は消費者のニーズを理解し、興味・関心など

の思考に訴求する要素（例：知的好奇心が満たされる）、ACT は消費者に対して身体的・行動的に働きかける要素（例：製品によってライフスタイルが変わる）、RELATE はコミュニティにおけるつながりなど、他者との関係性に関する要素（例：同じ製品を使う人とつながりができる）である。

8.1.3. 使う側の視点から見た体験・経験の重要性

　次に、モノ・コトを利用する人の観点から、UX の重要性を考える。人の欲求を考える枠組みとして欲求階層説（3.6.4 節参照）があるが、これは低位の欲求が満たされると、より高位の欲求が求められるようになるというものである。これに基づいて考えると、「安全に製品を使いたい」「便利な機能が欲しい」という欲求が満たされてくると、より高位の欲求として、他者や社会との関わり、自分の理念や思想との合致や実現など（所属と愛の欲求、自尊欲求、自己実現欲求など）による「より嬉しい体験」が求められるようになると考えられる。さらにこの欲求階層説に基づいて人間工学に求められることを提唱したのが Hedonomics という考え方である（2.2 節参照）。従来求められてきたものが、安全性、機能性、ユーザビリティであり、その先に嬉しい体験や各個人の価値の実現があるという考えである。

　人はモノの所有よりも経験に価値を見出すということは、ほかのさまざまな研究からも示唆されている。例えば、Van Boven & Gilovich によれば、人は「ヘリコプターでの遊覧」といった経験にお金を使う方が、「薄型テレビを買う」といったモノの所有にお金を使うよりも幸せを感じると報告されている [5]。新たにモノを所有したことによる幸せはすぐに適応して消えてしまいやすいが、経験によって得た幸せはモノに比べると適応が遅く、幸せが長続きしやすい。Carter & Gilovich によれば、モノの場合は世間の流行に後れたくないという社会的比較が起こる一方で、経験の場合はそのような気持ちにはなりにくいという [6]。こうした点を考慮すると、モノ・コトを使う側の観点から見ても、「経験」から得られる価値を求めるのは理にかなっていると言えよう。

　また、大量生産・大量消費の時代が終わり、ユーザーの欲求も上記のように変化していく中で、より愛着を持って使い続けられる製品が求められるようになってきた。それは単に機能がよいとか使いやすいというだけでは不十分で、ユーザーの感情に訴える情緒的なデザインが重要になる。Norman は、こうし

た実用性だけでなく人の感情に作用するデザインの考え方としてエモーショナル・デザインを提唱した [7]。エモーショナル・デザインにおいて Norman は、認知や感情の処理を（1）本能レベル、（2）行動レベル、（3）内省レベルの 3 つのレベルに分け、それぞれに配慮したデザインアプローチを説明している。

　本能レベルとは、製品やサービスからの知覚や喚起される感情的な反応のことであり、五感に訴えかけ、魅力的なフィーリングを生み出すデザインによってアプローチできる。行動レベルとは、製品やサービスの利用の中で感じる実用的な使いやすさや効用であり、ユーザーのニーズを満たし、思いどおりに使えることが重要になる。内省レベルとは、製品やサービスがユーザーにとってどういう意味を持つかという総合的な解釈や、製品やサービスを使う自分がどう見えるか、ということである。ユーザーの個人的経験やユーザーの理想的な自己イメージを考慮することにより、ポジティブな内省を築いてもらう必要がある。例えば、ノートパソコンを例に 3 つの処理レベルを考えてみると、見た目や質感のよさは本能レベルであり、思いどおり扱える GUI や操作感のよい入力デバイスは行動レベルであり、ノートパソコンのデザイン哲学が自分自身の理念にフィットしていると感じたり、それを使うことが自分のステータスになると感じたりすること（例えば、おしゃれなカフェでかっこよく使えて絵になると思う、など）が内省レベルであると言えよう。

8.2. UX とは何か：定義と特徴

8.2.1. UX の定義

　ここまで製品やサービスの利用経験に価値を見出すことの重要さを述べてきたが、それでは UX とはどういったもので、どう捉えればよいのであろうか。UX とは、User eXperience を省略した表記であり（Experience の E をとって UE と略される場合もある）、日本語ではユーザー体験とかユーザー経験と訳されることもある。その定義を考えると、さまざまな定義がなされており、分野や業種で異なる理解がなされていることもあるように見受けられる。統一的な定義が確立される前に「UX」というワードが広く浸透したためこうしたことが起こり、その定義や理解には明確な統一見解はないが、一方ではある程度の共通点があることも確かである [8]。そこで、ここではまず UX に関する代表的

な定義や言及を紹介する。

　まず、現在最も広く UX の定義として認識されているのは ISO9241-210 における定義であろう。ISO9241-210 では以下のように述べられている。
- 製品やシステムやサービスを利用した時、およびその利用を予測した時に生じる人々の知覚や反応。
- UX とは、利用の前・最中・その後に生じるユーザーの感情・信念・嗜好・知覚・生理学的・心理学的な反応、行動や達成感などのすべてを含む。
- UX はブランドイメージ、知覚、機能、システム性能、対話行動や対話システムの補助機能、以前の経験から生じるユーザーの内的・身体的状態、態度、技能や性格および利用状況の結果である。
- ユーザーの個人的目標という観点から考えた時には、ユーザビリティは典型的に UX と結びついた知覚や感情的側面を含む。ユーザビリティの評価基準は UX の諸側面を評価するのに用いることができる。

　UX という考えを初めて提唱したのは Norman であると言われているが [9]、そこでは以下のように述べられている [2]。
- 製品に関して、それがどのように見え、学習され、使用されるか、というユーザーのインタラクションすべての側面を扱う。これには、使いやすさと、最も重要なこととして、製品が充たすべきニーズとが含まれる。

　UX の専門家団体である UXPA（User Experience Professionals Association）では以下のように述べられている [3]。
- ユーザーと製品、サービス、企業とのインタラクションのあらゆる側面。
- UX デザインは、レイアウト、視覚的デザイン、文章、ブランド、音、インタラクションなど、インタフェースを構成するすべての要素に関わる。
- UX に関する業務では、ユーザーが可能な限り最良のインタラクションを行えるよう、これらの要素を調整する。

　UX 研究の第一人者である Hassenzahl は以下のように述べている。
- UX は、ユーザーの内的状態（素質、期待、ニーズ、動機、気分など）、デ

ザインされたシステムの特性（複雑さ、目的、ユーザビリティ、機能性など）、インタラクションが発生する利用状況（または環境）（組織的／社会的な背景、活動の意義、使用の自発性など）の結果である[4]。

・UX とは優れた工業デザインやマルチタッチ、派手なインタフェースのことではない。素材を超越することである。デバイスを通して体験を創造することである[5]。

　ここまで紹介したようにさまざまな表現がされているが、共通する点も見出せる。第一に、UX はユーザーと製品・システム・サービスの間のインタラクションのすべての側面を対象にするという点である。これには使いやすさなどの実用的側面だけでなく感性・快楽といったあらゆる側面を含むということと、利用中はもちろんのこと利用前や利用後という、利用に関する行動すべてを含むということがある。そして第二に、UX とはこうしたあらゆるインタラクションの側面におけるユーザーの反応や、ユーザーが認識する知識であるという点である。つまり、あくまでもユーザー側の主観的なものなのである。

8.2.2. ユーザビリティと UX

　人間中心デザイン分野において UX を考えるうえで、その出発点にはユーザビリティがあると言えるだろう。ISO9241-210 の前身の規格である ISO13407 が制定された際は、人間中心設計プロセスはユーザビリティ向上のためのアプローチであるという理解が中心であった。ユーザビリティとは、特定の利用状況における有効さ・効率・満足の度合いのことであり、これを高めるために生理的・身体的な側面では身体的な負担の少なさ、認知的な側面ではコンピュータのわかりやすさに焦点が当てられていた。しかし、ユーザビリティの定義の一部にもある「満足」は、ユーザビリティだけで決まるのかという考え方が出てきた。こうした中で Norman は、これまでのユーザビリティにおいて中心的に考えられてきた側面だけでなく、ユーザーの満足のためにはユーザーがモノ・コトの利用を通して得る経験のすべての側面をカバーする必要があるという考え方を提唱した。

　ユーザビリティと UX の関係を考えてみると、ユーザビリティはユーザーとの利用状況において考えるべきものではあるが、あくまでもユーザーが利用す

る際の製品特性であり、製品側に軸足が置かれた考え方であると言えよう。一方、UXはユーザーの主観的な経験であり、あくまでも各ユーザーが個人の価値観などに基づいてどう感じるかという、ユーザー側に軸足を置いた考え方である。

8.2.3. UXという概念の特徴

特に、ユーザビリティと比較したうえでのUXという考え方の特徴を、3つの観点から説明する。

(1) 実用的属性 + 快楽的属性

まず1点目が、ユーザビリティにおいて検討されてきた実用的な属性だけでなく、快楽的な属性を含むということである。HassenzahlはUXを考える枠組みとして、製品の品質と、それが結果として生み出すユーザーの感じる魅力や満足の関係を図8-3のように説明している [10]。ユーザーは特定の利用状況においてモノ・コトが持つ実用的属性と快楽的属性を知覚・認識した結果として、魅力、嬉しさや満足を感じる。そしてデザイナーは、ユーザーが満足を感じるような実用的属性・快楽的属性を表出させるためにモノ・コトの内容・表現・機能性・インタラクションなどをデザインする必要がある。また、このモデルにおいて快楽的属性として、刺激（刺激を受ける）、同定（自分らしさを示せ

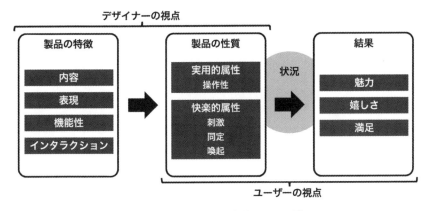

図8-3　HassenzahlによるUXのモデル

る）、喚起（気持ちが喚起される）の3点が挙げられている。

　快楽的な経験の要素について考えてみると、Hassenzahlのモデル以外にもさまざまな知見がある。8.1.2節で紹介した経験経済の4Eや、経験価値モジュールも実用的・快楽的経験を含む要素が示されていると言えよう。Jordan[11]は製品利用時の嬉しさを表8-2のように4つに分類している。山岡[12]はよいUXから得られる感覚を表8-3のように6つに分類している。これらはいずれも快楽的な経験を含む、よりよい経験を実現するための構成要素として参考にすることができるだろう。

表8-2　製品利用時の嬉しさの分類 [11]

分類	概要
Physio-Pleasure	身体的・感覚的な心地よさから得られる喜び
Socio-Pleasure	他者との関わり（思い出、個人的なストーリー）や社会との関係（ステータスやイメージ）から得られる喜び
Psycho-Pleasure	製品を見たり、使ったりする中で、機能の便利さ、使いやすさから得られる喜び
Ideo-Pleasure	自分の理念や思想にフィットすることから得られる喜び

表8-3　UX から得られる感覚 [12]

分類	概要
非日常の感覚	イベント、旅行、コンサートなどで得られる非日常性の感覚
獲得の感覚	商品を購入したり、贈り物を受け取った時に得られる感覚
タスク後に得られる感覚	操作ができた、プロジェクトの完遂、試験に合格やモノを作った時に得られる感覚（達成感、一体感、充実感）
利便性の感覚	Web サービス、交通 IC カードの相互利用などの便利さを感じる時に得られる感覚
憧れの感覚	ブランド品、新製品や好きなアーティストの作品に対する憧れの感覚
五感を得る感覚	暖かい布団で寝る、3D 映画の視聴、好きな音楽を聴く、秘湯につかる、香水を嗅ぐなどした時に得られる感覚

(2) 時間軸の範囲

　2点目が、対象とする時間軸の幅広さである。もちろん、ユーザビリティにおいてまったく考えられてこなかったわけではないが、やはり特定のタスクの操作を対象とすることが多かった。UXにおいては明示的に利用前・利用中・利用後すべての体験を含むということが強調されている。UXを時間の観点から見る際の枠組みとしては、UX白書 [13] で提案されたモデルがわかりやすい

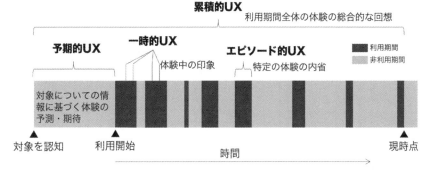

図 8-4　UX の期間モデル

(図 8-4)。このモデルは、ユーザーが製品やサービスと利用する前の体験(予期的 UX)、インタラクションの最中や直後の体験(一時的 UX)、出来事の振り返り(エピソード的 UX)、利用期間全体の積み重ね(累積的 UX)という 4 つの時間軸で UX を捉えるものである。つまり、単にあるタスクを実行している場面だけを考えるのではなく、製品の購入前にウェブサイトなどで情報収集をし、製品を購入して開梱し、製品を使えるように準備を行い、普段の生活の中で使ったり、その中で特定の出来事を振り返ったりしながらある程度の期間利用し、最終的には廃棄や更新をしたりする、という一連の利用経験すべてを対象にするのである。

　また、こうした一連の利用体験におけるユーザーの道のりをカスタマージャーニーなどと言う。このカスタマージャーニーの中でユーザー(もしくは消費者)は単一の製品やサービスとの直接的な関わりだけでなく、例えば製品情報が書かれたウェブサイト、店舗(店員や実製品)、カタログ、スマホアプリ、口コミ、マニュアルなどあらゆる接点において、製品やサービスへの印象を形成する。こうしたユーザーとの接点をタッチポイントといい、UX ではカスタマージャーニーの中で発生するあらゆるタッチポイントを対象とする。

　時間軸の観点を考える中で、ユーザー体験とユーザー経験の違いについて 1 つの考え方を紹介したい。ユーザー体験とユーザー経験の違いについては厳密に考えて用いられていない場合もあり、分野における統一的な見解があるわけではないが、鈴木 [14] の説明を基に考えるとわかりやすい(図 8-5)。ユーザー体験とは、製品やサービス利用における各タッチポイントで発生するユーザー

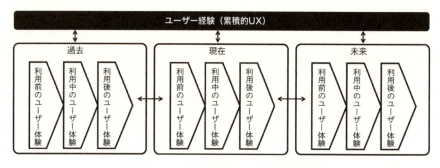

図 8-5　ユーザー体験とユーザー経験 [14]

の反応である（図 8-5 に示すように、ここにも利用前・利用中・利用後それぞれの体験がある）。各タッチポイントで得られる刺激に対する反応という、直接的な体験であると言えよう。一方、ユーザー経験とはこうしたユーザー体験を通して蓄積された知識である。UX 白書で示されたモデルと合わせて考えるなら、累積的 UX がこれに当たろう。「experience」という言葉には体験と経験の両方の意味があり、UX というと、ここで述べた両方の側面を含んだ総合的なものと考えることができる。

(3) 個人的・主観的体験

　3 点目はユーザーの個人的・主観的な体験であるということである。UX というのはユーザーの反応や認識する知識であるので、モノ・コトと関わるユーザー自身の内的状態や、またその利用文脈の影響を受ける。特定の利用文脈におけるモノ・コトとユーザーとの何らかのインタラクションの結果として生じるもののうち、製品側ではユーザビリティがあり、ユーザー側では UX がある。この時の UX から、ユーザーにとっての製品の意味や位置付けが認識され、経験価値が見出される。

　UX はユーザーの個人的・主観的なものであるから、重要なのは「そのユーザーにとって意味があるか」ということになる [15]。ユーザーにとって意味が見出されなければ、いくらそれ以外の点で優れた品質を持つモノ・コトであっても魅力や満足にはつながらない。そして、この意味というのは個々人のユーザーの内的状態、価値観や状況によっても変わってくる。「今このモノがあってとてもありがたかった」とか「ちょうど欲しかった」などというのは、ユー

ザーにとって意味が見出された状態の例であろう。こうした、ユーザーにとって意味が見出されるかどうかという性質を意味性という。よりよい経験価値を提供するうえで、この意味性は必須である。

　意味をどのように生み出すかを考えるうえで、「ストーリー（物語性）」という観点が重要になる [12]。人はストーリーに共感することで、心が動かされる。つまり、ストーリーは人の主観に影響を与え、意味を生み出すとも言える。例えば、スーパーの野菜売り場で作った人のイラストや言葉が添えられていたら、その野菜の背後にある物語から信頼感や魅力を感じる人は多いだろう。また、ノート PC などの工業製品にしても、とても厳しい耐久試験をクリアしたとか、開発過程でこんな工夫や技術を盛り込んだなどといった開発秘話を知ると、その物語に魅力を感じるだろう。山岡はこうしたストーリーの種類として、最新の物語、現実の物語、歴史の物語、架空の物語の 4 つがあると述べている [12]。

8.3.　デザインにおいて UX をどう考えるか

8.3.1.　UX デザイン

▌UX デザインとは

　UX に着目したデザインアプローチは「UX デザイン」と呼ばれている。UX デザインというと誤解が起こりやすいのだが、体験や経験はここまで述べたとおりユーザーの主観的なものなので、それそのものをデザインすることはできない。UX デザインというのは、ユーザーがよい UX を得て、それによって経験価値が高まる仕組みを考えるということである。例えば、UI デザインというと UI そのものをデザインするわけであるが、UX デザインというと UX そのものをデザインできるわけではない。少しややこしいかもしれないが、あくまでも UX をよくするために UX という観点に着目したアプローチのことを UX デザインと呼ぶ。

　UX デザインでは、図 8-6 のようにモノ・コトの利用に関連する各タッチポイントの中で体験を理解する手がかりを考える [14]。あくまでもユーザー側に軸足を置いた概念なので、デザイナー側でできることは、手がかりを提供し、それによってコンセプトに応じた体験のための舞台設定を演出し、ユーザーの体験・経験を共創することである。つまり、どんな体験・経験をしてもらう

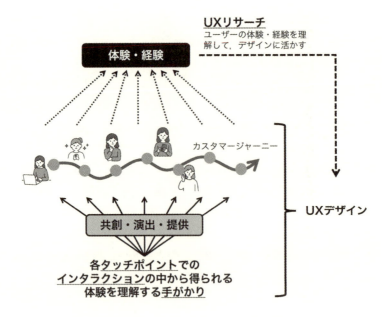

図 8-6　UX デザインと UX リサーチの位置付けのイメージ

か、それがある程度の再現性を持てるか、ということを計画する一連の活動がUX デザインであると言えよう。また、ユーザーの体験や経験そのものはデザイナー側だけで作れるわけではないが、実際にユーザーが得た体験・経験を理解して、改善や新たな提案に活かすことはできる。そのためにユーザーが得たUX を調査、測定し、デザインに活用する活動を UX リサーチという。

UX デザインの基本的な考え方

UX はあくまでもそれぞれのユーザー個別の主観的体験であるが、モノ・コトのデザインを考える際に一人ひとりのユーザーを個別に考えるには無理がある。特定の個人のためにデザインする個人住宅の設計などの場合には、その限りでもないかもしれないが、多くの汎用品・量産品の場合は一人ひとりのユーザーをすべて検討対象とすることは難しいだろう。ここで重要になるのは、人の行動は環境や文脈に依存するという考え方である。例えば、川に橋が架かっていたら川を渡るためには普通橋を渡るだろう。これは極端な例かもしれないが、5 章で述べたように、ユーザーに思考の拠り所として手がかりを与えることで、それを見たユーザーは似たような行動を取るだろう。つまり、UX とい

うのは主観的で個別のものではあるが、ユーザーの特性や利用文脈に類似点が見出せれば同じような行動・反応が期待でき、ある程度パターン化することもできると考えられる。ユーザー特性やその利用文脈をモデル化し、それに基づいて考えるのである。UXデザインにおいてよく用いられるモデリングの手法としては、KA法（経験価値のモデル化）、ペルソナ（ユーザーのモデル化）、カスタマージャーニーマップ（一連の体験のシナリオのモデル化）などがあるが、これらの具体的な説明は10章で述べる。

　UXに焦点を当てたデザインアプローチとは具体的にはどういうことかと言うと、ユーザーがモノ・コトの利用に関連する体験・経験から得られる経験価値を起点に考えることであると言えるのではないだろうか。UXこそが経験価値を生み出すのだから、ユーザーに得てほしい経験価値を目的として、これを起点にそれを実現する手段を考えていくのである（図8-7）。また経験価値を考えるうえで認識しておくべきことは、ユーザー自身が本当は何を求めているか、何に価値を感じるかということを必ずしも把握できていたり言語化できたりするわけではないということである。UXデザインを推進するうえでは、ユーザーの行動や言葉の背後にある潜在的なニーズから経験価値を考える必要がある。

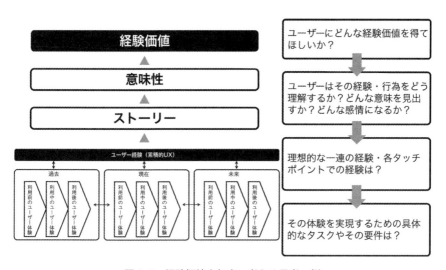

図8-7　経験価値を起点に考える思考の例

▍UX デザインにおける成果物

UX デザインにおいて具体的に何を作るのかを考えるに当たっては、Garrett が提案した UX を構成する 5 つの段階のモデルが参考になる [16]。このモデルでは、UX を構成する要素は表層のビジュアルのデザイン、ワイヤーフレームなどの骨格、情報構造やインタラクションといった構造、機能やコンテンツの要件、ユーザーニーズやモノ・コトの目的といった戦略の 5 つから成るとしている。表層の方が具体的で、戦略に行くほど抽象的になる。ユーザーの目に触れる表面的なデザインだけを行うのではなく、その土台となる抽象的な戦略などを検討したうえで、それらに基づいて具体化していき表層部分を可視化していく必要があるのである。これらはいずれも UX デザインで検討すべき範疇であると言えよう。

また UX デザインを行ううえで、上述したような種々のモデリング手法をはじめとしてさまざまな手法を用いる。細かい説明は 10 章を参照していただければと思うが、KA 法で作成する価値マップ、ペルソナ、カスタマージャーニーマップ（現状の体験（As-Is）、理想の体験（To-Be））、構造化コンセプト（経験価値を起点に構造化されたコンセプト）などが UX デザインを行ううえでの中間成果物となり得るだろう。

8.3.2. UX リサーチ

デザイナーはユーザーではない以上、ユーザーの主観的体験である UX を想像だけで十分に理解することはできない。ユーザーがどんな UX を得て、それをどう評価しているのか（満足しているのか、など）を知り、適切な二次的理解を形成し、それをデザインに反映させる必要がある。人間中心デザインや UX デザインに関わるユーザー調査はさまざまなものがあるが UX リサーチは、ユーザーが何らかのモノ・コトの利用前・利用中・利用後といった時間軸での一連のインタラクションにおける UX を定量的・定性的に把握するための調査・評価であると言えよう。ここでは UX を把握するための調査・評価に活用できる手法をいくつか紹介する。 10 章において紹介している手法も活用できるので、そちらも併せて参照されたい。

▍総合的な指標

まず UX を調査・測定することを考えた時に欠かせないのが、満足感の測定

である。満足感とは、ユーザーが UX に基づいて主観的に感じる感情を伴った心理状態であり、ユーザーのニーズや期待を満たしている程度のことであると言えよう。ユーザビリティにおける要素の1つとしても広く知られているが、すでに述べたとおり、ユーザビリティだけで満足感が決まるわけではない。ユーザーが知覚・認知する製品のさまざまな性質（例えば、利便性、美しさ、楽しさ、新鮮さ、などいろいろある）の結果として生じるのが満足感である。こうしたことから、UX における総合的な価値判断の指標として満足の度合はよく測定される。

　満足の測定に関連して、満足感に関係する人の代表的な特性をいくつか紹介しよう。まず満足感というのは絶対評価されるものではなく、事前期待と知覚された結果（事後評価）の関係によって決まると言われている。例えば、あまり期待していないものが思いのほかよければ「期待以上によい」となり満足感を感じるが、期待値が高いのに思ったほどでもなければ「こんなものか」と期待外れになり満足感は得られないだろう。これは図 8-8 に示すような、期待 - 不一致モデルとして知られている [17、18]。これは満足・不満足には、事前の期待から成る期待効果、事後の結果として知覚した内容に基づくパフォーマンス効果に加え、期待と結果の不一致の大きさである不一致効果が影響するというものであり、満足を考えるうえでの基本的なモデルとされている。

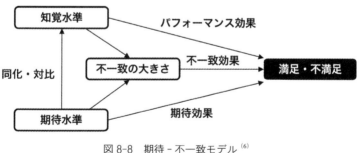

図 8-8　期待 - 不一致モデル [6]

　満足というのは人間の主観的な価値判断であり、そこには認知バイアスが関わる。この点に関して、行動経済学分野における代表的な人間の意思決定モデルであるプロスペクト理論が参照できる [19]。このプロスペクト理論においても満足・不満足の度合（その人にとっての価値の大小）は絶対評価されるわけ

ではなく、変化量を基に判断されることが示されている。プロスペクト理論は図8-9のような関数で3つの特性が説明される。1つ目の特性が損失回避性である。これは利得から得られる満足（主観的な価値の大きさ）よりも損失から得られる苦痛の方が大きいというものである。図8-9においても損失の領域と利得の領域では関数の傾き具合が異なり、横軸の量が同じでも縦

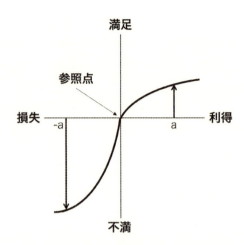

図8-9　プロスペクト理論における価値関数

軸の量が異なることが説明されている。2つ目が感度逓減性である。これは利得・損失いずれにおいても絶対値が大きくなるにつれて感度が鈍るということであり、関数の形状からもこれが読み取れる。3つ目が参照点依存性である。図8-9における原点が常に固定されるわけではなく、状況に応じて変わるというものである。

またUXの総合的な指標としては、満足感のほかにロイヤルティという観点もよく用いられる。これは製品やブランドに対して持つ忠誠心、愛着や再購買意図とされている。具体的には、再購買意図を尋ねるような質問がよく用いられる。友人や同僚への推奨意向を0～10の11段階で尋ねるNet Promoter Score（NPS）は、その代表的な指標であると言えよう。

▎印象を評価する方法

ある時点での、ある特定のモノ・コトの利用体験の印象を評価する手法として、Product Reaction Card [20] とAttrakDiffを紹介する。Product Reaction Cardは、モノやコトの印象を表現しうる言葉が書かれたカード（オリジナルの手法では128語）を相手に提示し、そこから自身の体験・経験を表現するのに適当なものをいくつか選んでもらう。そして、そのカードを選んだ理由を話してもらうという方法である。対象に応じて、提示するカードを調整するなどして簡易化することも可能だろう。

AttrakDiffは、Hassenzahlが提案した、UX評価のための28項目から成る質

問紙である。実用的品質と快楽的品質のそれぞれの側面に関連する複数の形容詞対について7段階のSD法で回答を求める[21]。21項目から成るAttrakDiff2や、10項目から成るAttrakDiff Miniなどもある。AttrakDiff Miniの項目は表8-4に示す。この項目は、PQ（実用的品質）、HQ-I（快楽的品質：同定）、HQ-S（快楽的品質：刺激）、ATT（魅力）の4つのカテゴリから成る。

表8-4　AttrakDiff Miniの質問項目（[15]による日本語訳を参考に一部改変）

分類	項目		
PQ (pragmatic quality)	実用的でない	—	実用的である
	予測不可能な	—	予測可能な
	複雑な	—	シンプルな
	ゴチャゴチャした	—	整然とした
HQ-I (hedonic quality-identify)	格好悪い	—	格好いい
	安っぽい	—	高級感がある
HQ-S (hedonic quality-stimulation)	想像力に乏しい	—	創造的な
	退屈な	—	魅惑的な
ATT (attractiveness)	醜い	—	美しい
	悪い	—	良い

▌ユーザーの経験を追跡・記述する方法

リアルタイムか、もしくはそれにできるだけ近い状態でユーザーの経験を把握する方法としては、日記法、ESM[22]やDRM[23]などの方法がある。日記法とは、あるテーマ（特定のモノ・コトの利用など）に関する日記を一定期間つけてもらう方法である。単に行為だけを書いてもらうのではなく、感情なども併せて書いてもらうことでユーザーの体験をより詳しく理解できる。また文章だけでなく、写真を使うフォトダイアリなどの類似手法もある。

ESM（experience sampling method）は、スマートフォンなどで定期的に利用状況やその評価を回答してもらう方法で、DRM（day reconstruction method）は1日の終わりか翌朝に、1日の出来事を時間軸に沿って書き出してもらう方法である。いずれもユーザーの行動を詳細に把握することはできるが、比較的ユーザーへの負荷は大きい手法だろう。

▌回顧的・長期的にユーザーの経験を調査する方法

より長期間にわたる体験・経験を把握しようと思うと上述の方法だと難しい面がある。そうした場合には、過去の経験やその際の評価などを思い出して回

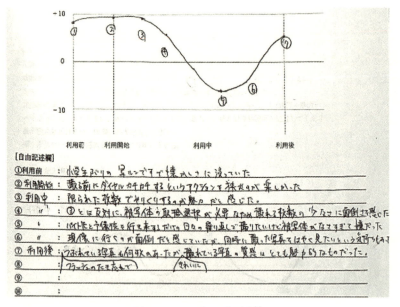

図 8-10　UX カーブの例 [7]

答してもらう方法もある。代表的な手法としては、UX カーブがある [24]。UX カーブでは、図 8-10 のように横軸である時間の変化に沿って、縦軸のユーザーの評価の変化を曲線と変曲点で表現してもらうものである。縦軸は、魅力、使いやすさ、機能性、利用頻度が用いられる。また変曲点や特に印象的な個所においては、なぜこのようなカーブになったかという理由や具体的体験を記述してもらう。

引用

(1) B.J. パイン、II, J.H. ギルモア、岡本慶一 他(訳)(2005)[新訳]経験経済、ダイヤモンド社、186
(2) D.A. ノーマン、岡本明・安村通晃・伊賀聡一郎(訳)(2000)パソコンを隠せ、アナログ発想でいこう！　複雑さに別れを告げ、〈情報アプライアンス〉へ、新曜社、60
(3) UXPA. Definitions of User Experience and Usability, https://uxpa.org/definitions-of-user-experience-and-usability/
(4) Hassenzahl, M., Tractinsky, N. (2006) User experience: A research agenda, Behaviour and Information Technology, 25(2), 91-97

(5) Hassenzahl, M. (2013) User Experience and Experience Design. In: Soegaard, Mads and Dam, Rikke Friis(Eds.)The Encyclopedia of Human-Computer Interaction, 2nd Ed,. Aarhus, Denmark: The Interaction Design Foundation

(6) 小野譲司(2010)顧客満足 [CS] の知識、日本経済新聞社、80

(7) 村田三実、土井俊央 (2023) UX カーブによるレトロな製品の魅力要因に関する分析、2023 年度日本人間工学会関西支部大会予稿集、47-48

参考文献

[1] 山岡俊樹 (編・著)、岡田明・田中兼一・森亮太・吉武良治 (2015) デザイン人間工学の基本、武蔵野美術大学出版局、332

[2] Holbrook, M.B., Hirschman, E.C. (1982) The experiential aspects of consumption: Consumer Fantasies, Feelings, and Fun, Journal of Consumer Research, 9(2), 132-140

[3] B.J. パイン II, J.H. ギルモア、岡本慶一・小高尚子 (訳) (2005) [新訳] 経験経済 脱コモディティ化のマーケティング戦略、ダイヤモンド社

[4] バーンド・H. シュミット、嶋村和恵・廣瀬盛一 (訳) (2000) 経験価値マーケティング 消費者が「何か」を感じるプラスαの魅力、ダイヤモンド社

[5] Van Boven, L., Gilovich, T. (2003) To do or to have? That is the question, Journal of Personality and Social Psychology, 85(6), 1193-1202

[6] Carter, T.J., Gilovich, T. (2010) The relative relativity of material and experiential purchases, Journal of Personality and Social Psychology, 98(1), 146-150

[7] ドナルド・A. ノーマン、岡本明・安村通晃・伊賀聡一郎・上野晶子(訳)(2004)エモーショナル・デザイン 微笑を誘うモノたちのために、新曜社

[8] Lallemand, C., Gronier, G., Koenig, V. (2015) User experience: A concept without consensus? Exploring practitioners' perspectives through an international survey, Computers in Human Behavior, 43, 35-48

[9] 黒須正明 (編・著)、松原幸行・八木大彦・山﨑和彦 (訳) (2013) HCD ライブラリー第 1 巻 人間中心設計の基礎、近代科学社、52

[10] Hassenzahl, M. (2003) The thing and I: Understanding the relationship between users and product. In: Blythe, M.A., et al. (Eds.) Funology: From usability to enjoyment, Springer Dordrecht, 31-42

[11] Jordan, P.W. (2002) Designing pleasurable products, Routledge

[12] 山岡俊樹 (編・著)、岡田明・田中兼一・森亮太・吉武良治 (2015) デザイン人間工学の基本、武蔵野美術大学出版局、434-438

[13] Roto, V., Law, E., Vermeeren, A., Hoonhout, J. (2011) User experience white paper–bringing clarify to the concept of user experience. http://www.allaboutux.org/files/UX-WhitePaper.pdf

[14] 平沢尚毅、福住伸一、鈴木和宏、三樹弘之、大井美喜江、榊原直樹、細野直恒、小林大二、吉田直可 (2023) 顧客経験を指向するインタラクション 自律システムの社会実装に向けた人間工学国際基準、日本経済評論社、27-43

[15] 黒須正明(2020)UX 原論 ユーザビリティから UX へ、近代科学社

[16] J.J. ギャレット、ソシオメディア株式会社(訳)、上野学・篠原稔和(監訳)(2022) The Elements of User Experience 5 段階モデルで考える UX デザイン、マイナビ出版

[17] Oliver, R. (1980) A cognitive model of the antecedents and consequences of satisfaction decisions, Journal of Marketing Research, 17(4), 460-469

[18] 小野讓司(2010)顧客満足 [CS] の知識、日本経済新聞出版社

[19] ダニエル・カーネマン、村井章子(訳)(2014)ファスト & スロー(下)　あなたの意志はどのように決まるか?、早川書房

[20] Benedek, J., Miner, T. (2011) Product reaction cards, http://www.uxforthemasses.com/wp-content/uploads/2011/04/Miscrosoft-Product-Reaction-Cards.doc

[21] Hassenzahl, M. (2004) The interplay of beauty, goodness, and usability in interactive products, Human-Computer Interaction, 19, 319-349

[22] Larson, R., Csikszentmihaly, M. (1983) The experience sampling method, N. Dir. Methodol. Soc. Behav. Sci. 15, 41-56

[23] Kahneman, D., Krueger, A.B., Schkade, D.A., Schwarz, N., Stone, A.A. (2004) A survey method for characterizing daily life experience: the Day Reconstruction Method (DRM) Science 306, 1776-1780

[24] Kujala, S., Roto, V., Väänänen-Vainio-Mattila, K., Karapanos, E., Sinnelä, A. (2011) UX curve: A method for evaluating long-term user experience,Interact. Comput. 23, 473-483

9. 人間中心デザインのプロセス

9.1. いろいろなデザインプロセスのモデル

9.1.1. デザインプロセスの位置付け

　人間中心デザインとは、人間工学やその関連分野の知識・手法を適用して、より使いやすく、価値あるモノ・コトをデザインするアプローチのことである。あくまでもデザイン対象のモノやコトの利用においてよい経験を提供する歩留まりを上げる手段であり、人間中心デザインを行うことそのものが高いユーザビリティや嬉しい経験の提供を保証するものではない。そして、高いユーザビリティやよい体験・経験を実現する歩留まりを上げる手段として、デザインプロセスやその中で使える具体的な手法が提供される。

　人間中心デザインのためのデザインプロセスというと ISO9241-210 に記述されている人間中心設計プロセスが最も有名であろうかと思うが、人間中心デザインを行うための手段はこれが唯一無二というわけではない。人間中心デザインやそれに関連するデザインプロセスのモデルにはさまざまな種類がある。人間中心デザインのポイントを理解しておけば、いずれのプロセスモデルであっても人間中心デザインへの活用は可能であろう。重要なことは、こうした種々のプロセスをそのとおりに消化することだけに捉われるのではなく、これらのプロセスやそのフェーズが何のために行われるのかという目的を理解することにあろう。

　まず本節においては、人間中心デザインに関連する代表的なデザインプロセスのモデルを紹介する。ここでは紹介はしていないが、例えば PDCA や OODA などビジネスで一般的に使われているプロセスにも共通する部分はあり、人間中心デザインに活用することもできるだろう。

9.1.2. ISO9241-210: 人間中心設計プロセス

人間中心デザインのプロセスとして最も一般的に説明されるものである。図9-1のように、まず「人間中心設計プロセスの計画」においては人間中心設計の必要性を認識し、適用すべきプロジェクトを計画するというのが前提としてある。具体的なプロセスとしては、「利用状況の把握と明示」において、ユーザーの利用状況を調査することで、どんなユーザーを対象とし、そのユーザーはどんな目的・目標を持っており、どんな文脈で利用するのかを明らかにする。「ユーザーの要求事項の明確化」では、対象とするユーザーとその利用状況に応じて具体的な要求事項を明らかにする。「設計による解決策の作成」では、明らかにしたユーザー要求事項を解決するためのデザイン案を可視化する。「要求事項に対する設計の評価」では、作成したデザイン案がユーザーの要求事項を満たしているかを評価する。そして、重要なのはこのプロセスを一回りして終わるのではなく、評価後にその結果を適切な段階へとフィードバックし、適宜プロセスを繰り返すことである。

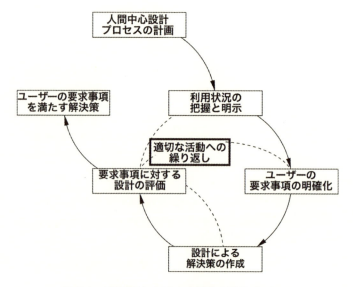

図9-1　ISO9241-210の人間中心設計プロセス

9.1.3. ダブルダイヤモンドモデル [1]

英国デザイン協議会で提案された、問題解決におけるプロセスである（図

9. 人間中心デザインのプロセス　159

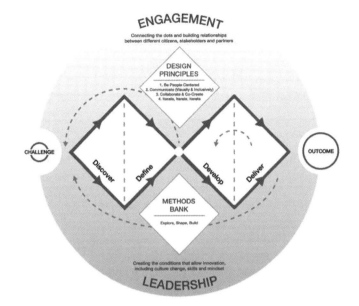

図 9-2　ダブルダイヤモンドモデル（©The Design Council (CC BY 4.0)）

9-2)。このプロセスのポイントとしては、「問題を見つける」段階と「解決策を見つける」段階の2つのダイヤモンドに分けて表現されている点である。そして、これらの段階はそれぞれ発散と収束から成る。まず初めに何を解くべきかという問題を定義することで、いきなり解決案を探すのではなく、正しい方向性を見定める。そして、その後にその問題を解決するための具体策を考えるのである。また発散のフェーズなのか、収束のフェーズなのかをきちんと定めておくことも重要である。2019年の改定では、ダブルダイヤモンドモデルでデザインを進めるうえでのコアとなるデザイン原則と方法論が明記された。デザイン原則としては、人間中心であること、視覚的・包括的なコミュニケーション、共創と協働、反復（適切な段階へ戻って繰り返す）の4点が挙げられている。また方法論としては、機会を探索する方法、方向性を形作る方法、具体化する方法が利用できるとされている。さらに、このデザインプロセスを成功に導く文化的背景として、エンゲージメントとリーダーシップが挙げられている。

9.1.4. デザイン思考

デザイン思考は、デザイナーがデザインする過程で用いる経験則的な問題解決アプローチを明示化したフレームワークであり、さまざまな問題解決の場面において適用可能だとして注目を浴びた。デザイン思考のフレームワークとしては前述のダブルダイヤモンドモデルにおいて説明される場合もあるが、ここではIDEO（米国のデザインファーム）やスタンフォード大学d.schoolによって広く注目された図9-3のフレームワークを示す[2]。これはユーザーに対する共感を持って観察・対話することが起点になり、以降のプロセスを進めていく。解決策を創造する前にユーザーへの共感に基づいて問題を定義するということ、プロトタイプ（試作品）を作ってテストを繰り返すということなど、はまさに人間中心のアプローチであると言えよう。

図9-3　d.schoolのデザイン思考プロセス

9.1.5. Lean UX [3]

必要最小限のリソースで製品やサービスを作成し、顧客の反応をチェックしつつ改良を重ねていくという起業の考え方がリーンスタートアップで、それをUXデザインに適用したものが、Lean UXと呼ばれる。明確なプロセスとして定義されているわけではないが、一般的には図9-4のように、チームでの共通認識として前提条件を確認し、検証す

図9-4　Lean UXのプロセス

べき必要最小限の仮説を考え、MVP（minimum viable product）と呼ばれる仮説検証のための最小限の試作品を作り、それを用いてユーザーの反応を見る、というサイクルによって製品やサービスのUX向上を図るものである。

9.1.6. Paul & Beitzのシステムデザインプロセス

これはシステムデザインのプロセスとして紹介されるものの1つである（図9-5）[4]。システムとはJIS Z 8121の定義によると多種の構成要素が有機的な秩序を保ち、同一目的に向かって行動するものであり、システムデザインとはそうしたシステムをデザインすることである。多くの問題はさまざまな構成要素から成り立っているので、システムデザインプロセスは、汎用的な問題解決のアプローチと捉えることもできる。人間工学において対象とするシステムも、人・モノ・環境などをはじめさまざま

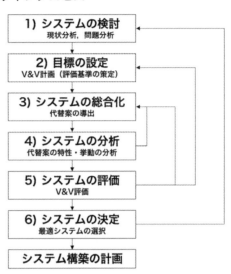

図9-5　Paul & Beitzのシステムデザインプロセス

な要素が関わっているため、その目的としてこうした要素を調和し、システムをデザインすることが挙げられる。このモデルでは最初に現状の問題を分析し、評価基準を決めたうえで、要求事項を統合して代替案を作成する。ここでいう代替案とは、複数提案される解決策のことである。そして評価を行い、あらかじめ決めた評価基準に基づいて最適な案を選択するというものである。またこのプロセスでは、プロセス途中に問題があったり改善が必要だったりする場合には、対応するフェーズへと適宜戻って反復して設計をする。

9.2. デザインプロセスをモデル化する意義

上述のようにさまざまなデザインプロセスのモデルがあるわけだが、このよ

うにプロセスをモデル化する意義は、以下の3点にあると考える。

まず1点目が、プロセスを記述することによる意義である。プロセスが明記されていることで、プロセスの抜けなどの検討漏れを減らすことができるうえに、修正が必要な際にどこに戻ればよいかがわかりやすい。

2点目が、標準化することによる意義である。うまくいったプロセスを標準化し、それを再利用することで効率化ができるし、うまくいく方法を再生産できる。また、うまくいかないことがあったとしても、標準的なプロセスに対してどこを修正すればよいかを考えることができ、プロセス自体の改善につなげることができる。デザインに限ったことではないが、仕事のアウトプットだけでなく、そのやり方自体の改善を考えることで生産性やアウトプットの質を高めることができるだろう。

3点目が、共有できることによる意義である。プロセスが明記されているということは、チーム内でそれを容易に共有することができる。今何をすべきで、次のプロセスのために何を決める必要があるか、などをチーム内で共有できていると同じ方向を向いてデザインに取り組むことができる。またチーム内での合意形成もしやすい。さらに、チーム外への説明にしても、どういうプロセスを経てアウトプットにつながったのかを明確に説明でき、納得が得られやすい。

デザインプロセス自体は、どんな場面でも確実に使えるという唯一無二のものを作ることは難しいが、企業、チーム、デザイン対象などに応じて、人間中心デザインのポイントを反映するためのデザインプロセスを考え、共有すること自体には、どんなプロセスであれ、上記のような意義はあるだろう。

9.3. 人間中心デザインプロセスの特徴

2章において人間中心デザインの根幹にある考え方として、(1) 利用文脈を考える、(2) 形から入らない、(3) イテレーション（反復、繰り返し）ということを述べた。この3つの観点から人間中心デザインプロセスの特徴を述べる。

9.3.1. 二次的理解に基づいたプロセス
デザイン対象となる製品やサービスについてのユーザー自身の理解が一次的理解であり、ユーザーがどのように製品やサービスを理解しているかについて

の理解が二次的理解に当たる。デザイナー（作り手）とユーザーは別であり、作り手の思い込みではなく二次的理解に基づくことが人間中心デザインの基本になる。しかし、ほかの人の理解を理解するというのは難しく、二次的理解のためには観察や対話を継続的に行うことが重要になろう。人間中心デザインプロセスでは、観察や対話を通してユーザーからのフィードバックを得て、それを根拠として適切な二次的理解を形成することが大事である。また、そのプロセスを通して常にユーザーやその利用文脈を念頭に置き、ユーザーがどう感じるかを想定・確認し続ける必要がある。

9.3.2. 階層的アプローチ

よりよい UX の実現のためには、ユーザーに得てほしい経験価値や提供したい経験を起点に、製品やサービスの具体化を図る必要がある。どんな製品やシステムでもそれを 1 つのシステムと捉えた時、目的 – 手段の階層構造がある。ユーザーに得てほしい経験価値が目的にある時、それを実現するための UX が手段になり、この UX を目的と考えると、それを実現するためのタッチポイントやそこでのインタラクションが手段になる。いきなり具体的な解決策を考えるのではなく、経験価値や UX を起点に段階的に考えていくことで、矛盾や要求事項の検討不足を防ぐことにつながる。

この階層構造に従って、全体→部分、基本→詳細というように単純化して段階的に問題解決を図る。例えば、構造化コンセプト [5] の考え方に基づいて（図9-6）、中間階層を設けて階層的に考えることで、目的 – 手段の分解のプロセス

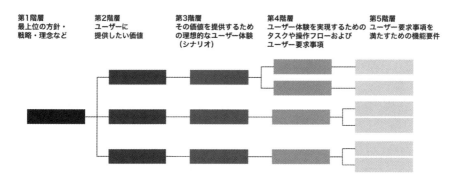

図 9-6　目的から階層化して作る構造化コンセプトの考え方の例 [5]

が明確になる。これにより、変更・修正を行う際にも一番上の階層まで立ち返って考えなくても、適当な中間階層を再検討すればよく、手戻りが少なくなる [4]。また、どのようなプロセスを経て下位の階層が導出されたかが明確なので、問題があった場合もその所在や原因を考えやすい。人間中心デザインは反復設計が基本であり、反復を前提とした考え方とは相性がよいと言える。

9.3.3. 発散と収束の繰り返し

前述のように階層的に考えていくには、発散と収束を繰り返すことになる。コンセプトやユーザーの利用文脈を考えずに一足飛びに解決策を考えることはできないので、最終的な解決策に収斂していくためには、例えば図9-7のようにいくつかのステップを踏む必要がある。前の段階で定義した内容に基づいて発散し、また次の段階で考えるべきことを決定していくという収束を繰り返す必要がある。

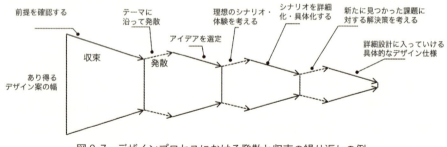

図9-7　デザインプロセスにおける発散と収束の繰り返しの例

9.4. 人間中心デザインプロセスにおける具体的活動

9.4.1. 活動の概要

9.1節で述べたようにさまざまなデザインプロセスのモデルがあるが、人間中心デザインを行ううえでの具体的活動にはある程度共通点が見出せる。ここでは大きく8つの活動に分けて、人間中心デザインのプロセスについて概観する。ただし、これは前述のいずれのプロセスにも言えることであるが、重要な点は、ここで述べる8つの活動のようなプロセス中の各フェーズを消化することが目的になってはいけない、ということである。これらはあくまでも手段で

あって目的ではない。それぞれの活動の根幹にある要諦を押さえ、そのうえで人間中心デザインを行うそれぞれの状況に合わせて柔軟に考えることが肝要になる。また繰り返しになるが、これらの活動は不可逆的に進んでいくものではなく、適宜反復しつつ、修正・精緻化を繰り返していく必要がある。

　本節で述べる 8 つの活動を概観すると、図 9-8 のように表せる。前半はユーザーに提供する価値を明確化する段階であり、後半はその価値を起点に目的 - 手段の関係で階層化し、具体的な設計要件に落とし込む段階である。ここでの価値とはデザイン対象のモノやコトの上位のコンセプトであり、これをまず設定したうえで、具体化・詳細化していくという流れである。ここでは各活動の概要について述べるが、各活動において利用できる具体的な手法については 10 章を参照してほしい。

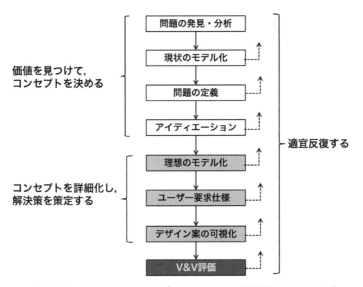

図 9-8　人間中心デザインプロセスにおける代表的な 8 つの活動

9.4.2. 問題の発見・分析

　アプローチすべき問題やユーザーに提供すべき価値を見つけるためには、まずデザイン対象の製品やサービスを取り巻く状況を分析する必要がある。我々の生活する社会の中に製品やサービスを存在させる（意味付ける）ためには、その製品やサービスと関わりのある周囲の秩序を把握し、目的や制約事項を適

切に設定する必要がある。製品やサービスを取り巻く秩序とは、（1）デザインする側（デザイン組織やデザイナー）のフィロソフィーやシーズ、（2）既存の製品やサービスの構造や問題、（3）製品やサービスを取り巻くステークホルダー（ユーザーを含む）の利用状況や要求事項、（4）ステークホルダーの経験価値、（5）社会的・ビジネス的な背景などであり、これらについての理解がデザイン対象の製品やサービスの意味付けにつながる。

　人間中心デザインにおいては、ユーザーを特定し、その利用状況を把握することが特に重要になろう。そのためには、既存製品や関連製品のユーザーや、想定されるユーザーやターゲットユーザーを対象としてユーザー調査が行われる。ユーザー調査には、定量調査か定性調査か、生成型調査か検証型調査かといった種類がある。定量調査とは数値データを対象にした調査であり、主にある集団の特性を統計的に把握するために行われる。定性調査は数値化できない文章、図や写真などのデータを扱い、統計的な精度よりもいかに深い洞察を得るか、新たな気付きを得るかという点が重要になるだろう。また生成型調査とは仮説を作るための気付きを得る調査であり、アイデア発想のもととして活用しやすい。検証型調査はそうして作られた仮説や提案されたアイデアを評価するために実施される。

　こうした調査では、問題発見・分析の活動においてはユーザーのペインポイントやユーザー要求事項（ユーザリクアイアメント）が抽出・確認される。ペインポイントは、製品やサービスとの関わりの中で起こる問題、摩擦やボトルネットに当たる事柄であり、ユーザーの苦い経験を生み出す基になる。ユーザー要求事項というのは、ユーザー側からモノ・コトへの要求事項であり、ペインポイントなどを基に推定することができる。

　調査対象のユーザーとしては、代表的・平均的と思われるユーザー群を対象に調査することが一般的ではあるが、その一方でエクストリームユーザーなどと呼ばれるユーザーに着目することで、新たな気付きを得るということもできる。エクストリームユーザーとは、図9-9のように、平均からは外れた極端な利用状況にあるユーザーのことを言う。これは単に利用頻度が多いとか初心者であるとかといったことではなく、独特な利用状況であるとか、独自のこだわりがあるユーザーである。こうしたユーザーは時として、ほかの人にも役立つがほかの人は気にも留めていないニーズや、より高い要求事項を持っており、

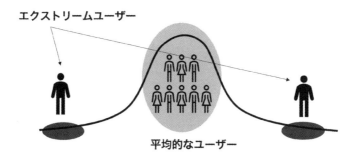

図 9-9　エクストリームユーザー [6]

こうした気付きをほかの人にも利用できる形に展開することで、多くの人がその価値を享受できるようになる。例えば、ユニバーサルデザインやインクルーシブデザインにおいて、機能制限のあるユーザーのニーズを起点に考えるのもエクストリームユーザーの考え方の一種である。

　また問題の発見・分析の活動では、さまざまなユーザー調査が実施されるが、この時得られた知見の妥当性を高めるためには、異なる方法や視点を組み合わせるトライアンギュレーションという考え方が役に立つ。トライアンギュレーションの観点としては以下のような分類が参考になる [7]。

① 理論：1つだけでなく、いくつかの理論や仮説の検証を行う。
② データ：ある単一のデータだけではなく、多面的なデータを組み合わせる。いくつかの時点でデータを収集したり、複数の場からデータを収集したり、複数のレベルの対象者（個人、グループ、組織・社会など）からデータを収集したりすることがこれに当たる。
③ 方法論：例えば、定性調査と定量調査を組み合わせるなど、複数のデータ収集方法を組み合わせて調査をする。
④ 調査者：専門領域の異なる複数の人によって調査をする。
⑤ 分析：1つのデータに対して、複数の分析方法を用いる。例えば、量的データであれば複数の統計解析手法を使うなどが、これに当たる。

9.4.3. 現状のモデル化

　複雑な課題を解決するために、製品やサービスに関するある事象についての特定の性質のみに着目して考える、抽象化（モデル化）という方法がある。複

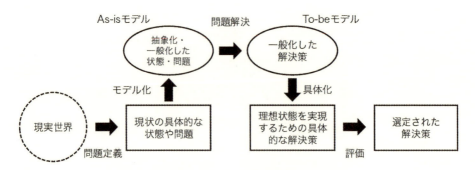

図 9-10　モデル化による問題解決の考え方 [8]

雑な問題にアプローチするシステム思考では、この考え方を図9-10のようにまとめている[8]。まず現状の具体的な状態（問題）を、製品やサービスのデザインに関わる本質を見極めて抽象化し、一般化した問題・状態を表す現状のモデル（As-isモデル）を作成する。このモデルの中で問題点や要求事項を明らかにし、改良した理想状態のモデル（To-beモデル）を作成する。そして、このTo-beモデルを実現するための具体的手段を検討する。一旦モデル化して取り組むべき課題に焦点を絞って、モデル上でその解決策について考えるのである。

　人間中心デザインにおいては、ユーザー像、ステークホルダー間の関係性、ユーザーの利用状況、ユーザーの経験価値、ビジネス上の位置付けなどがモデル化する対象となる。誰が、どういう状況で使うのか、そこでどんな価値を感じるのか、などをモデルというわかりやすい形で示すことで、アイデア提案や問題改善の方向性が明確になり、発想や意思決定の助けになる。「誰に、どんな価値を提供するのか？」が明確になっているということは、ある意味で製品やサービスのゴールが明確になっているので、それを基準に検討を進めることができるのである。またモデル化することで、ユーザー調査の結果やコンセプトをわかりやすい形で示すことができるので、デザインチーム内外での共通認識を形成しやすい。そのためコミュニケーションを円滑にするツールとしての利点もある。

　モデリングをするに当たっては、ユーザー調査で得た結果に基づくことで根拠があり、リアリティのあるモデルが作成できる。人間中心デザインの基本的

な考え方として二次的理解があることからも、ユーザー調査に基づいてモデリングをすることは重要である。ただし、リソースの制限やプロジェクトの性質などから満足いく調査を実施できない場合もある。

9.4.4. 問題の定義

解決策を考える前に、デザイン対象やその周囲に関わる現状を把握し、デザイン対象が目指すべき目的と目標を定める。ここでの目的とは、デザイン対象の製品やサービスによって達成されるべき機能（働き）であり、デザインの起点となるものである。目的としては、「誰が、どんな状況で、どう使って（どう関わって）、どんな価値を生むのか」を定性的に明示する必要がある。ここで定める目的は、いわばアイデア発想のための問題の定義であるとも言える。一方で、目標とはシステムが満たすべきより一般的な目的であり評価基準とも言える。例えば、快適性・安全性・コストなど多くのシステムに共通する一般的な要求事項がこれに当たる。

目的として問題定義をするには、アイデア発想のためにいかにちょうどよい幅で定義するかがポイントになる [9]。対象とする問題定義の幅が狭いということは、目的が特定的すぎるということであり（例えば、特定の製品そのものを指定するなど手段を限定しすぎている場合）、この場合はアイデアの出る幅は狭くなり、目新しい案は出にくい。一方で、問題定義の幅が広いということは目的が一般的すぎるということであり（例えば、よい体験を提供するなどのように漠然としすぎている場合）、アイデアの方向性を絞る制約としての役割を果たせない。

あくまでもユーザーに提供する価値を起点として目的を考えるために、特定の製品品目など（例：誰でも自然に使える目覚まし時計）のようにシステムの内容を表す手段を含むものではなく、あくまでもシステムがユーザーに提供する価値（例：負担なく朝起きられる価値）のみを表すように目的を定める必要がある。このように、調査結果からいきなり解決策を考えるのではなく、一旦問題をちょうどよい幅で定義することで、既存の手段に捉われず、より高い視点から解決策を考えることができる。

9.4.5. アイディエーション

　新しい製品やサービスを提案するにしても、既存のものを改善するにしても、新たな提案のためのアイデア発想は必要になる。この時、単に漠然とブレインストーミングをするのではなく、制約条件を明確にする必要がある。アイデア発想までに検討した、想定されるユーザー像（ペルソナ）、利用状況（As-is のカスタマージャーニーマップ）、提供し得る価値（価値マップ）、社会的・ビジネス的な位置付けなどから検討すべき領域を絞り込んだうえで発想することで、前提条件からブレずに解決策を検討することができる。やみくもに発想するのではなく、アイデアによってアプローチしているユーザーの価値、ユーザー像や利用シーンをセットで考えることで、「誰が、どう嬉しいのか？　何に使えるのか？」といったことを見失わずに発想することができる。よいアイデアを出すには、いかによい問いを立てられるかが重要であり、そのためには調査に基づくインプットが重要になる。

　アイデア発想の思考法としては、James Webb Young の「アイデアのつくり方」が有名である。これは以下の 5 段階でアイデアができるというものである [10]。このプロセスを見ても、アイデアは何の準備もなしに急にひらめくものではなく、データを集めて解釈するという準備が重要なことがわかる。

1. データ集め：対象に特化した資料や幅広い知識・普遍的な事象などを集める
2. データの咀嚼：データと向き合ってその意味を考える
3. データの組み合わせ：アイデアとは既存の要素の新しい組み合わせである
4. ユーレカ：四六時中アイデアを考える中で思いがけずひらめく
5. アイデアのチェック：具体化して確認する

　アイデアの選定に当たっては、製品の 3 属性である有用性、利便性、魅力性の観点などが利用できる [5、11]。これらの各観点からアイデアを比較して、選定することができる。またアイデアが選定され、デザイン案の具体化が進むにしたがって、適宜、目的や目標は精緻化・詳細化する必要がある。山岡が提唱する構造化コンセプト [5] のように、デザイン対象の目的を階層化し、その重要度を検討することで明快なコンセプトを構築することができる。

9. 人間中心デザインのプロセス　　171

9.4.6.　理想のモデル化

　デザイン対象における問題を解決する大まかなアイデアが選定されたら、その具体的な内容を検討していく必要がある。まずは（2）で図9-10に示したモデル化の考えに則り、抽象的なモデルの世界でユーザー要求事項やデザイン要件を検討していく。対象とするユーザー像やアプローチする価値はいわばゴールであるため、ここでは理想的なシナリオ（ユーザーの利用状況のモデル）を考える。To-beのカスタマージャーニーマップなどから、シナリオ中にどんなタッチポイントがあるべきか、各タッチポイントではユーザーにどんな体験を提供すべきかを明確にする。

9.4.7.　ユーザー要求仕様・デザイン要件の明確化

　理想的なシナリオおよびその中で提供したい価値をどのように実現するかを目的－手段の関係から掘り下げてユーザーの要求仕様を抽出していく。タスク分析を活用することで、シナリオを1つのタスクと見なしてサブタスクに分解し、各サブタスクにおけるユーザー要求事項を検討できる。ヒューマン・マシン・インタフェース（HMI）の5側面（身体的側面、頭脳的側面、時間的側面、環境的側面、運用的側面）に基づいた5Pタスク分析[12]のようなフレームワークを使うことで検討漏れを減らし、網羅的に要求仕様を抽出することができる。またユーザインタフェース（UI）の操作フローなどのUIとのインタラクションを検討する場合は、3Pタスク分析（情報入手、理解・判断、操作の観点）やコグニティブ・ウォークスルーなどのUI評価・改善のための手法が活用できる。そして、このようにして抽出された要求仕様（目的）を具体的なデザイン要件（手段）へと読み替える。またTo-Beシナリオから抽出されたユーザー要求事項からトップダウン的に得られるデザイン要件だけでなく、デザイン要件を整理する中でボトムアップ的に生じるデザイン要件もあり得るので、必要に応じてデザイン要件の追加・修正を行う。

9.4.8.　デザイン案の可視化

　可視化できる程度にデザイン要件が明確化されたら、それらを整理・組み合わせ、デザイン案を可視化し、さらなる具体化を図る。人間中心デザインにおいては、評価・改善の繰り返しが重要であるので、早い段階からプロトタイピ

ングを行う。いきなりすべてのデザイン要件・仕様を詳細に策定し、完成度の高いプロトタイプを作ることは難しく、反復設計がしづらくなるため、理想的なシナリオやデザイン要件を検討する段階で必要最小限かつ簡易なモックアップ（10.4 節で詳述）の作成やそれを使ったアクティングアウトなどを行いながら検討を進めることも有効である。

9.4.9. V&V 評価

デザイン案の評価は、V&V（Verification & Validation）評価の観点で行う [4]。V&V 評価は、アウトプット（製品やサービス）がデザイン要件どおり（仕様書どおり）にできているかの検証（Verification）と、アウトプットが製品やサービスの目的・目標に対して妥当かの確認（Validation）の 2 つの観点から成る。Verification は、デザイン要件・仕様を満たしているかの評価なので、評価方法は評価対象のデザイン要件や仕様によるが、製品やサービス自体が持つ特性の評価となる。例えば、「打鍵感のよいキーボード」のためにキーサイズやキー押下特性の仕様が決められている時、キーサイズやキーの押下特性が仕様どおりになっているか評価するのが Verification に当たる。

一方、Validation はデザイン案が目的・目標に合致しているかという評価なので、製品やサービスの有効性についての総合的な評価とも言える。目標については、最初に決めた観点から、目標となる基準を満たしているか（比較評価も含む）、どの程度の度合いかなどを評価する。もしデザイン案が複数あるなら、選択基準にもなり得る。例えば、先ほどのキーボードを例にすると、目的の評価は「ユーザーがキーボードの打鍵感がよいと感じているか」の評価であり、目標の評価は文字入力のパフォーマンスやユーザーの疲労度が基準を満たしているかの評価である。

また評価結果に基づいて、適宜、前のフェーズに戻って修正を行う必要がある。またシステムの目的（誰に、どんな価値を提供するのか）の妥当性を評価するためには、ユーザビリティテスト等に基づく一時的な評価だけでなく、中長期的な利用中にユーザーがどのような体験をしているかを評価することも重要である。ユーザーに提供する価値を中心に考えるモノ・コトのデザインにおいては、「ユーザー自身がどのような価値を感じるか」を確認することが非常に重要である。これは一度のプロセスで明確にすることは難しい。そのため、

ここまで述べた各活動の間を適宜行き来し、評価結果を反映して、繰り返しブラッシュアップしていく反復設計を行うことが重要である。

参考文献

[1] The Design Council. The Double Diamond: A universally accepted depiction of the design process, https://www.designcouncil.org.uk/our-resources/the-double-diamond/

[2] Hasso Plattner Institute of Design at Stanford. An Introduction to Design Thinking PROCESS GUIDE, https://www.web.stanford.edu/ ～ mshanks/MichaelShanks/files/509554.pdf

[3] ジェフ・ゴールセン（著）、ジョシュ・セイデン（編）、坂田一倫（監訳）、児島修（訳）(2014) Lean UX　リーン思考によるユーザエクスペリエンス・デザイン、オライリージャパン

[4] 井上雅裕・陳新開・長谷川浩志 (2011) システム工学　問題発見・解決の方法、オーム社、58-60

[5] Yamaoka, T. (2011) Manufacturing attractive products logically by using human design technology: A case of Japanese methodology. In W. Karwowski, M.M. Soares, N.A. Stanton (Eds.), Human Factors and Ergonomics in Consumer Product Design: Methods and Techniques, Boca Raton: CRC Press, 21-36.

[6] 安藤昌也(2016)UX デザインの教科書、丸善出版、119-121

[7] 筒井真優美・太田有美・渡邊久美子・江本リナ・甲斐恭子・関根弘子・中村明子 (2005) 日本における研究手法の変遷　量的研究・質的研究・トライアンギュレーション、インターナショナルナーシングレビュー、28(2)、37-46

[8] 池田將明 (2013) システムズアプローチによる問題解決の方法　システム工学入門、森北出版

[9] 大村朔平(1992)企画・計画・設計のためのシステム思考入門、悠々社

[10] ジェームス・W. ヤング、今井茂雄（訳）(1988) アイデアのつくり方、CCC メディアハウス

[11] Null, R.L., Cherry, K.F. (1998) Universal Design, Professional Publications Inc.

[12] 山岡俊樹（編・著）、岡田明・田中兼一・森亮太・吉武良治(2015) デザイン人間工学の基本、武蔵野美術大学出版局、186-192

10. 人間中心デザインのための手法

10.1. ユーザー理解・要求事項抽出のための手法

10.1.1. 観察

▌概要

　ユーザーが製品やサービスを利用している現場を見てユーザーの行動を把握し、その行動の特徴やユーザーの潜在的なニーズを予測するための手法である。インタビューでは、ユーザーの思考内容などユーザー自身が認識・言語化できる気付きが得られるが、その一方でユーザーの意識に上らない潜在的なニーズを知ることは難しい。観察では、ユーザーの利用文脈を直接確認でき、ユーザー自身の意識に上っていなくてもその行動や痕跡から潜在的な要求事項を推測することができる。インタビューと観察はそれぞれ利点が異なるので、組み合わせて行うと、より効果的である。

　観察には、目視（またはビデオ）で観察する直接観察と、センサやシステムの利用データなどによって行動を把握する間接観察がある。ここでは直接観察について説明する。直接観察の実施方法はいくつかある。ユーザー理解や要求事項抽出を目的として行う場合は、自然観察と呼ばれる、自然な状況下で実態をありのまま正確に把握しようとする方法が取られることが多い。これに対して、ある条件を設けてその条件下でどう行動するかを定量化するような、実験的観察法というアプローチもある。この代表的な方法としては、後述するシングルケースデザイン法などがある。また観察対象者（主にユーザー）が、観察者がいることを認識している状況か、もしくは意識せずに行動できる状況か、という違いもある。当然、観察者を意識せずに行動できる状況の方がありのままの状況を正確に把握できるが、実施可能な場合とそうでない場合がある。

▎観察の準備

調査の目的に照らし合わせて、適切な結果が得られるようにするためには事前の準備が重要である。どういった方法を取るかということもあるが、それ以外にも事前に検討・準備しておくことは多くある。以下に主な検討事項を列挙する。

- 観察する場所：どこを対象に観察をするのが効果的であるのか、また観察可能なのかを検討する。例えば、駅のサービス改善のために観察するとしても、立地、設備や利用客などに違いがあるため、どの駅を見るかで結果は変わるだろう。
- 観察する時間・期間：いつ、どれくらいの期間観察するかを検討する。時間帯による違いや平日と週末の違いもあるし、観察調査に割ける時間も有限である。
- 使用する機材：どんな機材を使って観察をするのかを検討する。ビデオカメラで録画をするのか、手書きのメモだけなのか、ビデオ越しの映像のみの観察なのか、またビデオカメラを使うなら、どの位置からどのように記録するのがいいかなどを検討する。
- 着目するポイント：先入観や固定観念を持ってみると、本来見たいものも見えなくなってしまうが、何に着目して観察するかということは調査の目的に直結する。ただ漠然と見るのではなく、例えば次に述べる観察のポイントなどを参考に、どういった点を見たいのか検討しておくとよい。

▎直接観察のポイント [1]

ユーザーの利用実態を直接見ることはそれだけで多くの気付きが得られるが、ただ漠然と見るだけだと気付きを得にくいし、観察者のスキルへの依存が大きい。そこで、できるだけ客観的に気付きを得るためのポイントをいくつか紹介したい。なお、これらのポイントは、観察から得た気付きを記録する観点としても役に立つ。

①ヒューマン・マシン・インタフェース（HMI）の5側面

3.1節で紹介した、人とモノや空間の適合性を考える包括的な観点である。身体的側面であればユーザーが見たり触れたりする表示部・操作部の位置関係、力学的側面や接触面のフィット性、頭脳的側面であれば見やすさやわかりやすさ、時間的側面であれば作業に要する時間や、製品やサービス側の反応時間、

環境的側面であれば観察している場の空調、照明、騒音など、運用的側面であれば製品やサービスをどのように運用・維持しているか、それを使うユーザーをサポートしているかなどの側面を手掛かりに、ユーザーの行動やそこから考えられる要求事項を抽出する。

②ユーザーの行動した痕跡

　ユーザーの行動はユーザーそのものを見るだけでなく、ユーザーが行動した痕跡から考えることもできる。図 10-1 左の図では、ユーザーが近道をしたことにより草がはげて通り道ができている。図 10-1 右では、ユーザーがつり革をひねってつかむことからねじれていることがわかる。

図 10-1　ユーザーの行動した痕跡の例

③操作や行動の手がかり

　5.3 節でも紹介したが、人は手がかりを得て、それを頼りに操作・行動をする。特に、初めて（久しぶりに）使う機器、初めて訪れる場所などではなおさらである。この手がかりを探すことで、ユーザーがどういう行動を取るか、また観察対象の HMI にはどんな問題があるかを考えることができる。

④ユーザーの操作や行動に対するシステム側の拘束度合い

　機器や空間のデザインによるユーザーへの拘束度合いが高いと、ユーザーの行動は制約を受ける。例えば、図 10-2 は車にある ETC カードの差込口を示したものであるが、助手席のダッシュボードの中にあるため運転席からカード差込口の位置を視認しづらく、また無理な体勢にならないとカードを挿入できな

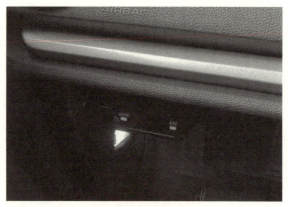

図 10-2　ユーザーに対する拘束度合が高い例(助手席のダッシュボード中にある ETC カード差込口)

い。さらに、ある一定の方向にカードを挿入しないと読み込まれない。このようなインタフェースはユーザーの行動への拘束度合いが高いと言えよう。

⑤ AEIOU [2]

AEIOU とは、行動観察のためのフレームワークであり、以下の 5 つの観点の頭文字を表したものである。この 5 つの観点から観察し、その内容を記録することで、観察した状況をわかりやすく理解できる。

- Activity（活動）：どんな目的、様式、活動、プロセスか？
- Environment（環境）：活動が行われる場の特徴や機能は？
- Interaction（相互作用）：目的達成のために、人 - 人、人 - モノ、人 - 環境にどんな相互作用があるか？
- Object（モノ）：環境の中にある構成要素は？ それは人々・活動・相互作用にどう関連するか？
- Users（ユーザー）：観察対象のユーザーやそこに関わる人、その行動、好み、ニーズは？

▍観察結果の記録・分析

　観察調査の結果は、得られた気付きと、その基になったユーザーの行動や痕跡をセットで記録しておくと、見返した時に理解しやすい。ユーザーの行動や痕跡については、可能なら写真や図で記録を残すとわかりやすいだろう。また、すべての気付きを列挙すると膨大な量になるので、重要な気付きに絞ったサマ

リを作成しておくと他者と共有しやすい。前述の HMI の 5 側面や AEIOU の枠組みでまとめておくことで、観察対象についてある程度網羅的に記録できるし、要点をつかみやすい。

10.1.2. インタビュー
▌概要
インタビューとは、その名のとおり、調査対象者に質問し、その発話からユーザーの意見や思考を理解する手法である。ユーザー理解や要求事項抽出のためには、1 対 1 で深く話を聞くデプスインタビューや、複数の参加者に座談会形式で意見を出し合ってもらうグループインタビュー（フォーカスグループ）が用いられることが多い。グループインタビューは 3 ～ 6 名程度の調査対象者に対して行うことが多い。その場合、周りの人からの刺激もあり、発話が促されるという利点はあるが、特定の人がずっと話したり、意見が強い人にほかの人も引きずられてしまったりすることもあるため、上手くファシリテートする必要がある。

インタビューでは質問内容をどれくらい事前に決めたとおり行うかによって、構造化インタビュー、半構造化インタビュー、非構造化インタビューに分けられる。構造化インタビューは、質問内容は事前にすべて決めておき、実際にそのとおりに質問するという方法である。アンケートを口頭で行うようなもので、聞き手によって得られる内容が大きく変わることはないが、臨機応変な対応ができない。半構造化インタビューは、事前に質問内容の大枠は決めておきインタビューガイドも用意するが、調査対象者の回答に応じて臨機応変に掘り下げて質問をする。話の中で気になったことや詳しく知りたいことなどを質問することで、より多くの情報を得ることができる。非構造化インタビューは、事前に明確な質問内容は決めず、インタビューガイドなしでインタビューを行うものである。人間中心デザインのためのインタビューとしては、多くの場合は半構造化インタビューが行われる。

▌インタビューの準備
インタビューをするにも適切な準備ができていないと、聞きたいことが全然聞けなかったということになりかねない。どういったインタビュー方法を取るのかということは調査の目的に依存するので、調査目的と照らし合わせて下記

の点について検討・準備が必要であろう。

- 調査対象者：どんな人に、どれくらいの人数で実施するのかを検討する。誰彼構わず話を聞けばよいというわけではなく、目的に応じて適切な人に聞かないと必要な情報は得られない。調査対象となり得るユーザーの属性は多様であるので、調査の目的に応じて、今回はどういった属性について考える必要があるのかということを決める必要がある。ここで言うユーザーの属性とは、年齢や性別だけでなく、習熟度、利用期間、役割（顧客なのか店員なのか、など）、ライフスタイルなど、デザイン対象の製品やサービスへのニーズを考えるうえで関連するすべての変数を指す。これらのうち、特に重視する観点から調査対象者をセグメント化し、特定のセグメントを対象とするのか、あるいは各セグメントから広く調査対象者を選定するのか、などを決める。また調査の目的によっては、必ずしも既存製品や関連製品のユーザーである必要はない。

- 調査対象者のリクルーティング：上述の点が決まれば、それに沿って調査対象者を集める必要がある。通常、条件に合う人を知り合い伝いに集めるか（機縁法）、リクルーティング会社に依頼することが多い。あまりに細かい条件を設定するとリクルーティングが難しくなる。またインタビュー内容にもよるが、通常1人につき1時間程度、長くても2時間程度であるので、うまくできても1日数人程度が上限である。それを踏まえてスケジューリングする必要がある。

- 場所、機材、役割：どんな場所で、どんな機材を使って実施するのかを検討する。準備した会議室に来てもらうのか、オンラインで行うのか、などである。また多くの場合は、インタビュー内容は録音することが多い（同意を得たうえで）。後から詳細な分析をしたり、聞き返したりするためにも記録の準備は必要になる。またインタビュー内容の記録については、単に発話内容を録音するだけでなく、実際の対話の様子（ボディランゲージや表情なども）を含めて気付いた点をメモしておくことも重要である。多くの場合、主に質問を進行する役割は1人が行うが、そのほかに記録係やオブザーバーが参加する。進行役はメモを取るのが難しいので、記録係が対話を聞きながら、気付いた点や追加で質問したいことなどをメモしておくとよいだろう。

・インタビューガイド：質問項目を決め、どんな流れでインタビューを進めるかを検討する。質問項目は、調査の目的によるので一概には言えないが、得たい情報を得るための質問を列挙していく。それを基に類似している質問を統合したり、不足している箇所がないか検討したり、重要度をつけたりして整理していく。さらに、複数の専門家で議論したり、プレテストを行ったりすることでより精緻化が進むであろう。

▌インタビュー内容

インタビューで聞く質問内容は、クローズドクエスチョンとオープンクエスチョンに分類できる。クローズドクエスチョンというのは、「あなたはこの製品を使ったことがありますか？」のように Yes か No で答えられるような質問である。調査対象者は回答しやすいが、話を展開しにくい。オープンクエスチョンというのは、「あなたがこの製品を知ったきっかけを教えてください」のように単純に Yes か No で答えられるわけではなく、調査協力者が自由に回答できる質問である。こちらは聞き方や調査対象者によって回答が大きく変わるが、対話をしやすく、話を展開していきやすい。一般的には、インタビュー序盤でまず答えやすいクローズドクエスチョンで場を温めたり、これから聞く内容を整理したり、前提条件を確認したりすることを行い、その後、オープンクエスチョンで調査対象者の自らの言葉で話してもらいつつ、その文脈に沿って話を展開していくという流れを取ることが多い。

また、ユーザーを理解したりユーザーの要求事項を抽出したりするためのインタビューでは、コンテクスチュアルインクワイアリー（contextual inquiry）という手法が取られることも多い。これはインタビュアーを弟子、ユーザー（調査対象者）を師匠に見立て、師匠と弟子の人間関係を設定し、ユーザーの利用文脈を観察しながら質問をする方法である。具体的には、ユーザーについて回り（もしくは製品利用の様子を見ながら）、師匠に教えを乞うようにその様子を観察しながら質問をする。インタビュアーは何もわかっていない弟子なので、わからないことはその場でどんどん質問し、また理解した内容が間違っていないかも師匠に確認してもらう。質問内容としては、行動の理由、前後の行動との関係、理解した内容の確認が中心になる。

▌話を聞くコツ

多くの場合、調査対象者はインタビューに不慣れであり、インタビューを受

けるという特殊な状況に緊張もしている。こうした状況で知りたい情報をうまく得るためには、対話のためのコツがいくつかある。まず調査対象者自身は、聞かれたことに対して、どこまで、どのように回答してよいのか不安を持っている。多くの場合、こちらが知りたいことを詳細に話してくれるということはなく、要約されていたり、省略されていたりするものである。そのため、そうした表面上の回答だけで理解した気にならず、調査対象者の話す文脈に沿って話を深掘りして、話してもらう必要がある。

　まず最も基本的な姿勢としては、調査対象者の話を聞いて、理解することに注力するということである。自分の勝手な推測でわかった気にならずに、一見当たり前に思うような単純なことでも、聞いてみると、そこから話が広がることもある。また各調査対象者はそれぞれ違うし、当然、自分（インタビュアー）とも違う。自分が「こういうことだろう」と思っていても案外違う答えが返ってくるものである。

　ここで注意するべきなのは、自分の持った仮説や推測を押し付けないということである。あくまでも傾聴するということが前提にあり、自分の考えを立証するための確認を直接したり、得たい回答に誘導したりするのはインタビューの目的から外れる。インタビュー調査の前提として、何に着目するか、何を明らかにしたいか、何を知りたいかなどを明確にしておくことは重要だが、インタビュー中は相手を尊重し、対話する中で相手の思考・経験・価値観などを引き出すことに注力する必要がある。

　またインタビューはあくまでも対話であるので、こちらの質問を次々に投げかけるのとは違う。こちらが話すことがメインになるのではなく、相手の話を聞くことが大事なので、相手の話した文脈に沿って、その内容を具体化・詳細化したり、例外を聞いたりというように、相手の回答を起点に話を展開していく。

　対話するうえでの１つのテクニックとして、アクティブリスニングというものがある。これは相手の回答をそのまま繰り返して確認するもので、要はオウム返しのようなものである。相手が「〇〇なんです」と答えると、「ほう、〇〇なんですね」などのように繰り返す。きちんと聞いていることが相手に伝わるし、発話内容の確認にもなる。また興味を持っていることが相手に伝わるので、話が途切れづらい。

10. 人間中心デザインのための手法　183

　また、質問内容や対話の仕方の直接的なテクニックではないが、最も重要なことはラポールの形成である。ラポールとは、インタビュアーと調査対象者の信頼関係のことである。調査対象者にとってインタビューは不慣れなものであり、緊張もしており、決して話しやすい状況とはいえない。インタビューの序盤で、調査対象者の警戒心を解き、自然に気持ちよく話してもらえるような関係づくり、雰囲気づくりをすることがラポールの形成につながる。インタビュー序盤ではいきなり核心的な話はせずに、事務手続きや雑談、または簡単な質問をしながらインタビューでのやり取りに慣れてもらい、その中で相手への興味や敬意を伝える。また、10.1.3 項で述べる評価グリッド法のように、何らかのツールを使って、調査対象者と一緒に何かを作り上げるような協力関係を築くのもよいだろう。

▌インタビュー結果の記録・分析

　各調査対象者のインタビューが完了したら、インタビューに参加した関係者（インタビュアーと記録係やオブザーバー）間でインタビューを振り返るミーティングを行い、要点をまとめておく。この際、どんな調査対象者であったか（調査者の属性）、製品やサービス利用における印象的なストーリー、製品やサービス利用の背景情報、特徴的・典型的な発話、発話から推察された気付きなど、インタビューの目的に応じてチーム内で共有したり、後から振り返ったりした際にインタビュー結果が把握できるようにする。可能ならば、すべての調査対象者のインタビューが終わってからというよりは、1 人のインタビューを実施したらその状況を覚えているうちにできるだけすぐに実施することが望ましい。

　詳細に分析する場合には、得られた発話をすべて書き起こした後に、量的・質的の両面でいくつかの分析手法がよく用いられる。量的に分析する場合は、インタビューで得られた発話を単語などに区切り、頻出語、特徴語、共起関係（どの語とどの語が同時に現れたか）などの観点から数値化し、解析する。質的な分析としては、10.2 節で述べる KJ 法、SCAT、M-GTA などの方法によって調査テーマを概観・理解するようなモデルや理論を構築するアプローチが代表的である。

10.1.3. 評価グリッド法 [3]

▌概要

　評価グリッド法とは、ラダリングインタビューと呼ばれる手法によって調査対象（提示刺激）に対して人が持つ評価構造を明らかにする方法であり、実施結果として、階層構造で表現される評価構造図が得られる。この方法では、ある特定のテーマに関連する複数のサンプルを提示し、それらの中での比較評価を通して、どのように対象のテーマの価値を評価しているかを知る方法である。特定の製品の良し悪しを評価したり、特定の製品利用の文脈を把握したりするものではないが、例えば、ある製品群についてそのユーザーが持つ評価構造を知りたい場合などに使うことができる。

　以下に述べる手順を見てもらうとわかるが、この手法は調査対象に対して「よいと思った理由」や「何があるとよいと思うか」などを繰り返し尋ねて、調査対象に対する評価構造を明らかにしていく。このように、梯子の上り下りのように調査対象者の回答を掘り下げていく手法をラダリングインタビューという。このような質問をする場合，調査対象者の考えを深堀りしていくことになるので、ある程度調査対象に対して評価可能な調査対象者を選定する必要がある。例えば、普段化粧品をまったく使わず興味もない人に化粧品の評価構造を尋ねても答えられない（興味がないのでどれも一緒に思う、など）。

▌手順

① 調査したいテーマ（製品群など）に基づいて、そのテーマを表す写真やカードまたは実製品を準備する。調査範囲にもよるが、30 程度準備するとよいとされている [4]。また、調査対象者自らに列挙してもらうという方法もある。この場合は、10 程度挙げてもらう。

② ある基準（多くの場合、好ましさなど）に沿って、最も好ましいと感じるものから最も好ましくないと感じるものまで、相対的に 3 ～ 5 グループ程度に分けてもらう。

③ 最も好ましくないと感じたグループ（5 番目）と、その次に好ましくないと感じたグループ（4 番目）を比較した時に、4 番目のグループが好ましいと思った理由を思いつく限り挙げてもらう。この時挙げてもらった項目をオリジナル評価項目とする。このオリジナル評価項目は、必ずしもグループ内のすべてにおいて当てはまる理由でなくてもよい。グループ内の

特定のカードや製品について当てはまる項目でもよい。またオリジナル評価項目は、できるだけ短い言葉で述べてもらう。

④ 前の手順でオリジナル評価項目が思いつかなくなったら、次は 4、5 番目のグループよりも 3 番目のグループが好ましいと思った理由を、同様に思いつく限り列挙してもらう。これを、最も好ましいと感じたグループまで順に繰り返していく。

⑤ 各オリジナル評価項目に対して、ラダリングインタビューと呼ばれる手法で上位概念・下位概念を抽出していく。ラダーダウンとは、オリジナル評価項目の下位概念を知るための質問であり、オリジナル評価項目の原因となる客観的判断・物理的状態を尋ねる（例：具体的に何がどうなっていると、あなたにとって○○（オリジナル評価項目）なのでしょうか？）。ラダーアップとは、オリジナル評価項目の上位概念を知るための質問であり、オリジナル評価項目の抽象的・心理的な価値を尋ねる（例：○○（オリジナル評価項目）だと、あなたにとってなぜよいと思うのですか？）。各オリジナル評価項目について、調査対象者が思いつく限り、ラダーダウンとラダーアップを繰り返していく。基本的にはまずラダーダウンを繰り返し行って、それ以上思いつかなくなったら（物理的な状態までいくとそれ以上は具体化しようがない）、次にラダーアップを繰り返し行う（単なる言い換えになっているとか、「幸せだから」のように概念が高すぎる場合はそれ以上繰り返せない状態であろう）、というような形で進めていく。途中で階層の飛躍があったような場合は、ラダーアップの質問の間に一度ラダーダウンの質問を挟むなどして、適宜階層を補完するとよい。

⑥ すべてのオリジナル評価項目についてラダリングインタビューが完了すると、インタビューから得られた各評価項目を線でつなぎ、図 10-3 のような評価構造図を作成する。その際、付箋やソフトウェアなどのツールを使って、評価構造図を作りながらラダリングインタビューをしてもよい。この図によって調査対象者自身が評価構造をイメージ・確認しやすく、円滑に進むことが期待できる。すべての調査対象者について評価構造図を作成したら、それらを統合することで全体の評価構造図が得られる。

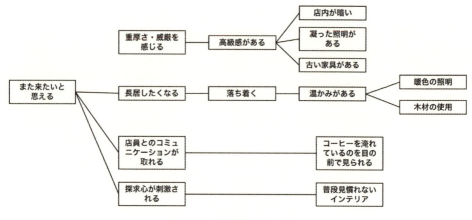

図 10-3　評価構造図の例 [5]

10.1.4. タスク分析 [6]

概要

　タスク分析とは、ある目的を達成するためのユーザーの操作や行動（タスク）をサブタスクに細分化し、そのサブタスクを詳細に分析・理解することで、ユーザーがタスクを達成するために、どのようなサブタスクを実行し、どこに問題があるのかを把握する方法である。デザインプロセスの上流工程においてユーザー調査結果（観察やインタビュー）に基づいてユーザーがどのようにタスクを遂行するのかをあらかじめ検討する場合もあれば、すでに設計された製品やプロトタイプに対してユーザーがどのような手順でタスクを実行し、そのどこに問題があるかを評価する場合もある。いずれの場合でもユーザーの操作や行動についての調査結果などの根拠に基づいてユーザーのタスク、サブタスクを理解・記述することが望ましいが、調査・実験なしに専門家による評価として実施することも可能である。

　タスク分析では、表 10-1 のようなフォーマットを作成し、分析していくことが多い。こうした形式のタスク分析は特に表形式タスク分析（tabular task analysis）と総称される。タスクとは、ユーザーが目的（ゴール）を達成するために取る行動であり、階層構造を持っている。タスク分析とは、ユーザーの行動を階層的に分解して、その問題点や要求事項を明らかにするものである。この階層構造の区切り方（タスク、サブタスクの分類）には明確な定義があるわ

10. 人間中心デザインのための手法　187

表 10-1　タスク分析の例（3P タスク分析）

シーン	ウェブ会議に出るためにワイヤレスヘッドホンを接続して使う		
タスク	問題点の抽出		
	情報入手	理解・判断	操作
電源を入れる			・強い力で長押しの必要がある
無線接続する	・接続状態を表すランプが見えにくい	・ランプの色や光り方が多く対応する意味がわからない	
装着する	・左右どちらかわかりづらい（手がかりが乏しい）	・接続されているかどうかわからない	
音量調整をする	・目視できないので手探りでボタンを使う必要があるが、ボタンの位置がわかりづらい		

けではないが、ある仕事や目標はタスクによって構成され、タスクはサブタスクから構成されると考える。また、サブタスクを細かく区切っていくと1つ1つの動作（モーション）となる。タスク・サブタスクの区切りは、作業のボリュームや階層構造、分析したい内容などから適宜決めればよい。例えば、「人間工学の授業の受講に関する情報を得る」をゴールとすると、そのタスクとしては「学習支援システム上の人間工学の授業のページを閲覧する」などとなり、そのタスクをさらに分割したサブタスクとしては、「学習支援システムにログインする」「当該授業を検索する」「見たい情報を表示する」などが考えられる。この時、サブタスクを細分化した方が問題点の所在は明らかになるが、その分時間はかかる。

▌ タスク分析の観点

　表 10-1 で示した表頭に当たる部分はタスク分析を実施する観点となる。この部分は分析対象に応じて適宜決めればよく、さまざまな手法が提案されている。使いやすい方法としては、山岡が提唱している 3P タスク分析 [6]、5P タスク分析 [6]、サービスタスク分析 [7] などがある。3P タスク分析は、表 10-1 のように（1）情報入手、（2）理解・判断、（3）操作の、人間の情報処理プロセスに基づく 3 つのポイントから問題点を抽出していく。各サブタスクにおいては、表 10-2 にあるような各ポイントの下位項目などを参照し、問題点を記

述すればよい。これは人間の情報処理プロセスに着目したタスク分析であり、ユーザインタフェースの評価などに使いやすい。

5P タスク分析は、ヒューマン・マシン・インタフェース（HMI）の 5 側面（身体、情報、時間、環境、運用の各側面）の観点から問題点を抽出するタスク分析である。情報処理プロセスだけでなく、より包括的に捉えることができるため、空間やサービスなど、より大きな対象を分析する場合は 5P タスク分析を用いることで幅広く問題点を抽出することができる。またサービスを対象にするなら、顧客 – 機械、顧客 – 提供者、顧客 – 環境など、サービスに対応した各要素に焦点を当てるサービスタスク分析を利用することもできる。

10.1.5. UD マトリックス [8]

UD マトリックスとは、さまざまなユーザーの状況に応じたユニバーサルデザインのための要求事項や問題点を効果的に抽出するためのマトリックスで、表頭にユーザーグループ、表側にタスク（サブタスク）をおく。この時、交差する各セルにおける問題点や要求事項を抽出する。考え方としてはタスク分析と同じで、タスク分析の一種とも言えよう。タスク分析と同様にマトリックスに沿って検討していけばよいので、要件を整理しやすく、また検討漏れも起こりにくい。ただし、このマトリックスを埋めることだけで UD を実現できるわけではない点に注意が必要である。UD についての考え方は、7 章を参照してほしいが、UD マトリックスは、あくまでも UD のための検討事項を整理するガイドという位置付けである。

UD マトリックス実施の要領は基本的にはタスク分析と同様であるが、表頭の部分が異なる。UD マトリックスでは表頭にユーザーグループを置くが、このユーザーグループを考えるために併せて提案されているユーザー分類表が活用できる。ユーザー分類表とは、UD の対象となり得るユーザーのタイプやその特性が記述されており、また各ユーザータイプにおいてどのような配慮が必要であるかが例示されている（詳細については参考文献 [8] を参照していただきたい）。

10.1.6. 日記法

日記法は、評価対象の製品やサービスについて、それらに関連する調査対象

10. 人間中心デザインのための手法　　189

者の生活をある程度の期間にわたって定期的に日記形式で記録する方法である。通常、1週間以上記録することが多い。記録様式に明確な決まりはないが、製品やサービスの利用の具体的状況、その時のユーザーの行動およびその時の思考・感情などを書いてもらうことで、ユーザー視点で製品やサービスの利用経験を把握することができる。文章だけでなく、写真を使って記録してもらうフォトダイアリーも日記法の一種である。フォトダイアリーと類似する手法として、フォトエッセイという手法もある。これは日記のような行動記録ではなく、あるテーマを設定し、そのテーマに対してユーザー自身が内省して、テーマに関する体験やその時の思考・感情などをエッセイとして記述するものである。文章で表すエッセイとともに、その出来事に関連する写真を添付して表現してもらう。いずれもユーザーの体験を理解し、そこから気付きを得るために利用される。

10.2. 分析・モデル化のための手法

10.2.1. KA 法 [9、10]

┃ 概要

　KA 法とは、ユーザー調査（観察、インタビュー、フォトエッセイ、タスク分析など前節で紹介した方法など）から把握された出来事や事実を基に、その背後にあるユーザーの潜在的なニーズや経験価値を導出する手法である。KA カードと呼ばれるカード1枚につき1つの出来事と、そこから考えられるユーザーの心の声、背景にある価値を記入していき、複数の KA カードを作る。この KA カードを構造化し、分析対象についての体系的な価値の構造を可視化する。ユーザーに提供したい経験価値を起点に考える UX デザインのためによく用いられる手法である。

　ユーザー調査の結果から直接的に具体的なデザイン案を考えるのではなく、一度本質的な価値を考えることで、より高い視点から本質的な解決策を考えることができる。調査結果から得られた気付きや問題点から直接考えると、解決策を考えるための問題定義の幅が狭くなってしまうが、KA 法によって価値を導出し、それをもとに問題定義をすることで新たな解決策・デザイン提案の選択肢を広げることができる（ちょうどよい幅の問題定義をしやすい）。また、

こうして提案された解決策はあくまでも価値を提供するための手段であり、導出された価値が、解決策の妥当性を評価するための基準となる。ユーザーにとっての価値を考えることで、解決策の良し悪しを判断しやすいうえに、もしうまくいかなくてもその価値を実現する別の手段を考えればよいので、調査結果の見直しまで立ち戻る手間が省ける。

手順

① 調査から得られた情報を整理する。テキスト情報として準備するのはもちろんだが、それに加えて観察やフォトエッセイなどの手法から得られた写真があるなら、それもあると KA カードに取り上げる出来事を理解しやすい。

② KA カードを作成し、各カードに特徴的な出来事を記述していく。KA カードは図 10-4 のような形で、①出来事（事実や問題点）、②ユーザーの心の声、③ユーザーにとっての体験価値を記載する欄を設ける。整理した情報から特徴的な事柄をピックアップして、①出来事の欄に記述していく。ここに書く出来事は、必ずしも観察されたユーザーの行動でなくても、インタビューやフォトエッセイで得られたユーザーの言葉やタスク分析で得られた問題点や気付きなどの事実を記載することもできる。あくまでも 1 つの出来事について 1 枚のカードを作成するので、長文で複数の出来事を包含して書くのではなく 30 字程度で端的にユーザーの行動が理解できるように書くのがよいだろう。ここでピックアップする出来事（事実や問題点）は分析者の観点によって異なるので、必ずしも一致している必要はなく、それぞれの分析者の多角的な視点から幅広く特徴的な出来事を抽出すればよい。

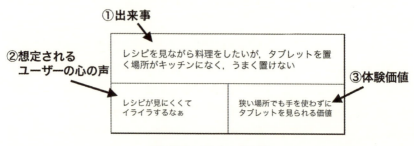

図 10-4　KA カードの例

③ 各カードに記述された①出来事を読み、その時のユーザーの心境を想像して②ユーザーの心の声を記述していく。必ずしも各出来事におけるユーザーの心境が調査結果に含まれているわけではないが、あくまでも想像で作成すればよい。1つの出来事から複数の心の声が考えられる場合は、カードを分けて複数作る。もちろん、心の声を想像する分析者が複数いれば、その捉え方はさまざまであるので、それぞれの観点でカードを作成すればよい。そして、①出来事と②心の声を手がかりにして、心の声が出る理由として③背景にあるユーザーにとっての価値をカードに記入する。この時、必ず「〜する価値」、「〜できる価値」というように、ユーザーの体験に関する価値になるように「動詞的な表現＋価値」として記述する。次の段階でKAカードを分類し、抽象化するので、この段階では具体的な表現で構わない。ユーザー調査結果から得られる多くの小さな出来事1つ1つすべてに対して価値など導出できないのではないかという考えもあるかもしれないが、KA法ではどんなに日常の些細な出来事にもささやかながらも、何かしらの価値は潜んでいるというスタンスで取り組む。また、出来事の種類によっては必ずしもポジティブなものではなく、ユーザーがうまくできていない出来事に対してはネガティブな心の声になることもある。こうした場合は、そのままでは価値に変換できないので、本来ユーザーが望んでいるであろうポジティブな形に変換する。例えば、「ついつい毎晩缶ビールを開けてしまうんだよなぁ…」という心の声に対しては、「我慢せずにアルコールを節制できる価値」などのように変換できるだろう。

④ KAカードをすべて作成し終えたら、それらを構造化して価値マップを作成する。まず各カードを概観し、似通ったカードの関係を見出しグループ化していく。この時、自分の仮説に基づいてトップダウン的にグループ化するのではなく、先入観に縛られずにあくまでも作成した各カードを見てボトムアップ的に直感的に考えるようにする（最初から決めつけたグループに当てはめるのではない）。グループができたら、各グループにも「〜する価値」というラベルをつける。そして、グループ間の関係性を見出し、それを図示化する。ここで得られた図を価値マップと言う（図10-5）。これは、分析対象におけるユーザーにとっての経験価値をモデル化した結果と言えよう。

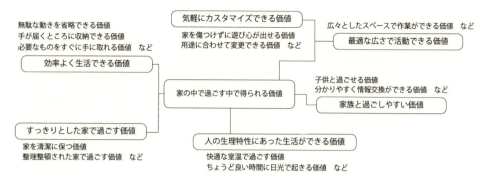

図 10-5　価値マップの例（演習で学生が作成した例）

10.2.2. KJ 法 [11]

▎概要

　KJ 法は、よくデータの分類手法と誤解されている場合があるが、そうではない。これは収集したデータ（インタビューや観察の調査結果やブレストで出たアイデアなど）を整理して、その全体の関係性を把握し、それによって新たな知見を得たり、発想を促したりする方法である。人間中心デザインにおいては、インタビューや観察を行った際にその結果を整理・解釈し、気付きを得るためによく利用される。

▎手順

① 単位化：テーマに沿ったデータをカードや付箋に 1 つずつ書き出す。

② グループ化：書き出したカードや付箋を大きな紙に並べ、それらを見ながら似通った要素の関係を見出す。この時、データ群から得られる直感を大事にして分類する。決して固定観念や先入観に基づいてあらかじめ想定したカテゴリに当てはめていくということはしない。

③ 図解化（A 型）：分類した各グループにそれぞれ名前を付け、グループ間の包含関係や因果関係といった関係性を見出し、それを図示する。

④ 叙述化（B 型）：他者が理解できるように、できた図やラベル全体を説明する文章を書き起こす。

10.2.3. SCAT [12、13]

▌概要

　SCAT は、質的研究の初心者でも比較的容易にテキストデータ分析を行うことができる手法であると言われている。この手法では取得したテキストデータをセグメント化して、4 段階のコーディングを行う。そしてテキストデータのテーマや構成概念を記述したうえで、仮説を構築する。SCAT を行う際には、提唱者である大谷による 2 つの論文 [12、13] を読んでから行う必要があるとされているので、詳細はこちらを参照されたい。

　実施に当たってスキルや経験が要求される質的データの分析において、SCATでは分析のための手続きが明確化されており、比較的実施しやすい。また小規模なインタビューであったり、アンケートの自由記述であったりといった比較的小さな質的データの分析に有効であるとされている。

▌手順

① インタビュー、アンケートなどによって文章データを取得する。

② コーディングを行う。SCAT では以下のように段階的にコーディングを行うことが特徴的である。

　(2-1) 文章データ中の注目すべき語句（単語または文）を記入する。

　(2-2) 前項の語句を、元の文章データ中にない語句で言い換える。

　(2-3) 前項を説明する概念、語句、文を記入する。

　(2-4) (2-1) から (2-3) に基づいて、それらを表すテーマや概念を記入する。

　(2-5) 以上を基に考察する。検討すべき疑問、課題や仮説などを記入する。

③ ストーリー・ラインを作る。

　ストーリー・ラインとは、(2-4) で記入したテーマや概念をストーリーとして記したもので、元のデータにある出来事に加え、その背景にある意味も含んだものである。(2-4) で記入したテーマをつなぎ合わせて文章として記述する。

④ 理論記述を行う。

　ストーリー・ラインを基に、考察する。分析を通して元の文章データから考えられる予測または仮説を記入する。一般的なものではなく、具体的なことを書く。

⑤ 疑問・課題を記入する。

さらに検討すべき、疑問や課題を記入する。

10.2.4. M-GTA [14]

▌概要

もともと Strauss と Glaser によって提唱された、インタビューや観察から得られる質的なデータに対する密着した分析から独自の理論・仮説を生成し、ヒューマンサービス等の領域へ応用する方法であるグラウンデッド・セオリー・アプローチ（grounded theory approach: GTA）を、木下が発展させたものが修正版グラウンデッド・セオリー・アプローチ（Modified-GTA）である。ヒューマンサービス領域での活用例が多いが、製品やサービスを考えるうえでも、人－モノ、人－人の相互作用を考える必要があり、その知見を活用できるだろう。詳細については関連書籍や論文が多く出版されているので、それらを参照してほしい。KJ 法や SCAT にも共通するが、こうした質的データから仮説や理論を導くアプローチは、単に決められた手順を進めれば確実に結果が得られるというわけではない。分析側の試行錯誤は必要であり、当然、分析者によって得られる結果は異なる。

▌手順

① 分析のテーマを決め、データを収集する。どういった人の行動（何らかの人－モノ、人－人の相互作用における人の行動のプロセス（手順や時間的な変化）を対象にするのかを明確にし、データを取得する。インタビューによるデータが対象とされることが多い。

② インタビューなどから得られたデータを解釈し、データから概念を生成する。まず 1 人分のデータ全体に目を通し、関連がありそうな箇所に着目する。切片化（データを 1 文とか、1 語とかに細かく区切ること）するのではなく、1 つの具体例としてその意味を解釈する。ほかのデータを見て、ほかに類似する具体例が得られれば、それらをまとめて概念として精緻化していく。

③ 1 つの概念につき 1 つの分析ワークシートを作成する。ワークシートは、概念名、その定義、各データ中の具体例、理論的メモから構成する。データを見ながら具体例が追加されたり、概念が検討されたりするので、ワー

クシートは分析を進めながら適宜追記・修正をしていく。まず、データの中での着目箇所である具体例を記入していき、その解釈案をメモ欄に書いていく。採用することになった解釈を定義欄に書き、それを凝縮した表現を概念名とする。

④ 分析ワークシートの具体例を見て、ある程度の多様性を説明できる具体例が揃っていたら概念の生成が完了したと判断する。具体例が少なすぎるならその概念の見込みはないと判断し、逆に多すぎるなら分割した方がよいかどうかを考える。

⑤ 複数の関連する概念の相互関係からカテゴリを生成し、カテゴリ間の関係から、対象とした人の行動のプロセスなどに関する仮説・理論を得る。理論的飽和化をもって分析を終了する。分析結果を構成する概念が網羅されており、新たに重要な概念が生まれたり、データを収集して確認すべき点がなくなったりした時点で、理論的飽和に達したと判断する。解釈した内容を確認するためのデータが不足している場合、そうしたデータを追加して分析を継続する。この時、作成した概念に基づいて、その対極例・類似例を必要に応じて収集するようにする。

10.2.5. ペルソナ

▌概要

　ペルソナとは、対象とする製品やサービスのユーザー像を具体的に描写した架空の人物描写である。図 10-6 は 1 例であるが、ユーザーがどんな人物であるかということと、製品やサービス利用に関する特性や背景を記述するのが一般的である。ペルソナを作成することで、チーム内もしくはチーム外の関係者に対象ユーザー像を正確かつ具体的に共有できる。チームでデザインを進めるに当たって、それぞれが異なるユーザー像を思い描いていると共通理解を構築しづらい。共通に認識できる具体的なユーザー像が明確になると、同じ方向を向いてデザインを進めることができるし、ユーザーに共感しやすい。また具体化されたユーザー像があるということは、デザイン対象の製品やサービスの提供先が明確になり、目指すゴールをより具体的に考えることができるということである。また、デザイン過程における意思決定の際に、ペルソナはどう考えるか、どう感じるかと考えることで、1 つの客観的な判断基準として活用する

性別	男性
年齢	35歳
居住地	都会でも田舎でもないベッドタウン
家族構成	妻と小学生の子供2人の核家族
年収・職種	500-600万円・ソフトウェア開発

知識	コンピュータは得意で，たいていのことは調べて自分でできると思っている．
ゴール	子育てに積極的にかかわりたいし，子どもと楽しく過ごしたい．そのために子どもと過ごしやすい家にしたい．
働き方	週に何回かは在宅勤務も行うことがある．妻も働いており共働きなので，家事も分担して行う．
家での過ごし方	平日出勤する日は朝と夜にしかいないが，在宅勤務のための仕事スペースがある．仕事をしていないときは，リビングで家族と過ごすことが多い．
消費傾向	こだわりが強いのでしっかり調べてから買いたい．みんなが使っているものより，きちんと自分のライフスタイルに合っているものが欲しい．

図 10-6　ペルソナの例（演習で学生が作成した例）

こともできる。

　さらに、ペルソナというのは単に想像で人物描写をするものではなく、きちんと根拠・リアリティがある人物描写をすることが重要である。そして、そのためにはユーザー調査に基づいて検討することが必要である。ただし、必ずしもいろいろなプロジェクトの制約からユーザー調査が行えない場合もあろう。そうした場合においても、仮のペルソナを作ることはチーム内でのコミュニケーションツールや発想支援という意味では一定の効用はあるだろう。ただし、ユーザー調査なしに仮のペルソナを作るとしても、できるだけ作成者の思い込みやステレオタイプを排除するべきで、例えば過去に見たユーザーの行動など、できる限り自分の知る一次情報に基づいて検討するのがよいだろう。特に注意すべき点としては、決して作る側の希望的な想像で都合のよい設定を盛り込まない、ということである。こうした作る側の都合で自由自在になってしまっているユーザー像は「ゴムのユーザー」と呼ばれるが、こうなってしまうと、実際には存在しない、デザインチーム内でのつじつま合わせのためだけのユーザー像になってしまうだろう。

▌手順 [15]

① ペルソナとして記述するユーザーの特徴を表す項目を抽出・検討する。ペルソナを作成する際に記述する項目は、例えば以下のようにさまざまなものがあるが、必ずしもこの項目について書かなければいけないといった決

まりがあるわけではない。デザインプロジェクトの目的やユーザー調査から把握できたことなどに応じて、適切な項目を決めればよい。ここではまず、どういった項目によってユーザーの特徴を記述するのかを検討する。

- ・ユーザーのゴール（目的）
- ・人口動態的変数（年齢、性別、家族構成、職業、所得など）
- ・地理的変数（居住地や気候など）
- ・心理的変数（価値観、ライフスタイル、ニーズ、興味、性格など）
- ・行動の特性（○○についての利用傾向、利用頻度など）
- ・能力や知識（習熟度、スキル・知識のレベル、経験など）
- ・個人的な背景（近況など）

② ユーザー調査結果を各項目別にマッピングする。インタビューなどを通して把握した各ユーザーの情報を、前の手順で選定した各項目別にマッピングしていく。これによって実際の調査から得た事実や根拠とペルソナを結び付け、現実的なユーザーの特徴の把握を目指す。

③ 手順（2）で作成したマッピング結果を参照し、複数の項目に共通するユーザータイプのパターンを見出す。このパターンから、どんなタイプのユーザーがいるのかを把握する。

④ 把握したパターンを基に、必要に応じて複数のペルソナを作成し、各項目の特徴を記述していく。多くの場合、ユーザーは複数のパターンに類型化され、それに応じて複数のペルソナを作成する。1つのペルソナだけですべてのユーザーの特徴・多様性を表すことは難しいので、無理に1つのペルソナに統合する必要はない。複数のペルソナを作成したうえで、主要なペルソナとサブのペルソナというように優先順位をつけておくと、デザインプロセスの進行上、混乱を生じにくい。

10.2.6. シナリオ

シナリオとは、ペルソナが目標を達成する際の物語や利用状況をテキストやイラストを交えて表すものである。作成するシナリオの目的にもよるが、シナリオではペルソナの行動・経験・感情などを描き、それによって使用手順や製品やサービスとの関わり方、またそこで得られる価値や問題点を時系列に沿って説明する。こうしたシナリオは、既存の製品やサービスの問題点を表現・共

有したり、チーム内やユーザーに対して開発初期の製品やサービスのコンセプトを提示したり、具体的なインタラクションを策定するためにユーザーの操作フローを検討するといったさまざまな場面で活用できる。いずれのシナリオにおいても、シナリオを検討することでユーザーがシステムを利用する具体的な場面やタスクを考えることが可能で、それを基にユーザー要求事項を明確化することができる。

　代表的なシナリオの考え方に、構造化シナリオ手法というものがある [16]。これはバリューシナリオ、アクティビティシナリオ、インタラクションシナリオの3つの階層の異なるシナリオを順次検討する方法である。バリューシナリオは価値を構想する階層であり、ユーザーに提供する本質的価値や製品・サービスの提供方針を記述する。具体的なユーザーの行動や操作手順を記述するわけではなく、どんな価値を提供し、どこに魅力や新規性があるかなどを表現する。アクティビティシナリオは価値を実現する活動を構想する階層であり、ペルソナの体験に注目して、その活動の様子を抽象的に示し、その時の思考や感情を併せて記述する。あくまでもペルソナがどうやって目的を達成し、その過程でどんな思考や感情になるかというところに焦点を当て、製品やサービスそのものについては具体化しない。インタラクションシナリオは活動を実現する操作を構想する階層であり、どのようにしてアクティビティシナリオを実現するのかを検討する。アクティビティシナリオには具体的なユーザーの行動やその時の思考・感情が記述されているので、それを実現するための具体的な操作フローを記述していく。シナリオとは言うが必ずしも文章である必要はなく、イラストなどで図示するのもよい。

10.2.7. カスタマージャーニーマップ（CJM: customer journey map）
▌概要

　カスタマージャーニーマップはユーザーの利用文脈をモデル化する方法であり、デザイン対象の製品やサービスに関連するUXを、目的達成に至るまでの一連のユーザーの行動（ジャーニー）に沿って構造化・図解化する方法である（図10-7）。エクスペリエンスマップやUXマップと呼ばれる場合もある。CJMではユーザーと製品やサービスとのタッチポイントを基準に、そこでのユーザーの行動・思考・感情などを検討し、製品やサービス利用に関連するペルソ

対象：家族が情報共有するためのボード
ペルソナ：No. 2

タスク	設置	メモを貼る		並べる		見る	はがす
タッチポイント	設置会社	ウェブページ（使用例）	製品	ウェブページ（使用例）	製品	製品	製品
思考	どうやって使えるかな？	何を貼ろうかな？		どうやって貼ろうかな？	どうやったら見やすくなるかな？	どこにあるかな？	もうこれいらないかな　そろそろはがさないとな
感情	☺ わくわく	☺ わくわく		😐 どうしようかな？		😐 ふむふむ	🙁 面倒だな…
問題点・不満点	大がかり	届かない	時間がかかる	縦軸におさまらない		探したい情報がすぐに見つからない　予定とToDoを合わせて見にくい	どれが必要でなくなったか分かりにくい　はがした所がさみしく見える
要求事項		子どもの予定を子どもも見える場所がよい	使用例があると嬉しい	見栄えをよくしたい		重要度が一目で分かるようにしたい　今日やるべきことをすぐに見つけたい	

図 10-7　カスタマージャーニーマップの例（演習で学生が作成した例）

ナの行動を具体化する。ユーザーの利用文脈についての共通理解を形成したり、問題点や要求事項を検討したりするために使われる。どのモデル化手法にも言えることだが、作成者にとって都合のよいだけのストーリーにならないように、根拠に基づいて検討することが望ましい。CJM は大きく分けると、As-is とTo-be の 2 種類の作り方がある。As-is の CJM というのは、現状のサービスにおける体験を描く、現状把握のための方法である。現状について深く理解したり、それによって問題点を検討したりできる。To-be の CJM は、提案するサービスの理想形の体験を描くものである。どういった利用体験を提供すべきかを具体化するためや、各タッチポイントで想定する体験価値を提供するための検討事項を明らかにし、アイデアの詳細検討をするために使われる。

▌手順

① まず、CJM を描く対象のペルソナおよびそのゴール、利用状況を決める。

② 横軸となる時間軸（ステージ）を決める。UX を考える対象範囲は製品利用中だけでなくその前後も含むため、目的に応じて、利用前に対象製品やサービスを認知する段階から利用後まで、幅広い時間軸を考える。

③ 縦軸を決める。明確に規定されているわけではないが、ユーザーの行動、タッチポイント、思考、感情、関係する人の行動、環境などを設定することが多い。必ずしもこれらすべてが必要なわけではないので、対象や目的

に応じて適宜選択・追加すればよい。

④ ステージごとにユーザーと製品・サービスとのインタラクションを検討するために、縦軸に該当する箇所を記述していく。また記述した内容に基づいて、問題点、不満点、要求事項や機会を検討する。

10.3. アイディエーションのための手法

10.3.1. ブレインストーミング

　ブレインストーミングとは、ブレストとも略される集団で自由に話し合う発想法で、アイデアを発散させるために行われる。あるテーマについて、以下の4つのルールに基づいて自由に発言し合う。この際、単に発言し合うだけでなく、付箋やホワイトボードを使って可視化しながら行う。アイデアの量が見えるとモチベーションも上がるし、以下のルールにあるように、ほかのアイデアを起点とした新たなアイデアも生み出される。可視化する際は、遠くからでも見えるように太いマジックペンで書くなどする。また可能であれば、簡単なモックアップを作って試すなど、頭だけでなく身体も使いながら検討すると発想しやすい。

・他人の発言を批判しない：あくまでも発散のための手法なので単なるダメ出しはしない。ダメだと思ったことがあるなら、出てきたアイデアに相乗りし、それを発展・解決するアイデアを出す。

・自由奔放な発言：実現可能性はいったん考えずに、夢物語でよいので思いつくままに発言する。ただし、自由奔放といっても横道にそれた雑談をするのではなく、あくまでもテーマに沿っていること。

・質より量を求める：完成度の高いアイデアを出す必要はないので、とにかく多くのアイデアを出すようにする。たくさんのアイデアが出れば、そこから相乗りして発展しながらさらに増えていく。

・ほかの人のアイデアにどんどん便乗する：すでに述べているとおり、アイデアの相乗りは歓迎される。出てきたアイデアは、自分が発想するための起点と捉える。

　これらのルールに則ってブレストを行うためには、上司が最初に発言するような流れにする、全員に必ず順番が回ってくる、一字一句発言を記録するなど

といった自由な発言を阻害するような要素を取り除くように配慮する。

　人間中心デザインのプロセスにおいてブレインストーミングを行う際には、その前段階のフェーズで検討したユーザー調査や、その分析結果を参照することも有効である。何も制約条件や前提条件がない中で発想するのは難しいが、発想の取っ掛かりが得られる。よいアイデアを出すためには、いかによい問いを立てるかということが大事であり、そのためには調査などから得た知見をインプットすることが重要であろう。また、ユーザー調査や分析結果から得られた制約条件や前提条件とずれたアイデアにならないように、対象ユーザー、使用シーン、提供する価値を決めたうえで発想することで、アイデア発想のヒントを提供しつつ、これらの前提条件を確認することで「このアイデアは何が嬉しいのか？」「何に使えるのか？」という点を明確にできる。例えば、KA法から得た価値マップや検討した複数のペルソナから、アイデアの対象となる体験価値やユーザーを選んで発想するといった考え方である。

10.3.2. How Might We（HMW）[17]

　HMWとは、これはブレインストーミングの起点となる短い質問を作るというアイディエーションの技法の1つである。「どうすれば我々は○○できるのだろうか？」という形式の問い（HMW questions）を立て、この問いに対する解決策についてブレインストーミングを行う。ユーザー調査やその分析結果に基づいた問題定義からHMW questionsを考えることで、ユーザー調査から得た知見を解決策の導出につなげる。HMW questionsを設定して発想することは、前節で述べたブレインストーミングでペルソナや価値マップを使うのと同様に、アイデアを考えるテーマからの逸脱を防いだり、アイディエーションに参加する人の間でのわかりやすい共通認識を形成したりできるといった利点があろう。

　HMW questionsでは、アイデアを考えるうえでちょうどよい幅の質問になるように留意するとよい。例えば、「アイスクリームを垂らさずに食べられるコーンを作る」というのは手段を決めてしまっており解決策の幅が狭い。「よりよいデザートを作る」ではアプローチする課題が広すぎて解決策の幅も広くなる。これらに対し、「アイスクリームをより持ち運びしやすいようにする」のように、ユーザーの具体的な体験に焦点を当てるとちょうどよい幅のHMW questions になるだろう。

HMW questions を考えるに当たっては、ユーザー調査からどういった問題があるかを明確にする。そして、その問題解決につながることを「どうすれば我々は○○できるのだろうか？」という形に分割して、質問を作る。例えば、「地元の国際空港での地上での体験をデザインする」というテーマから、「忙しい3児の母親はゲートで長時間待たされる間、遊び盛りの子どもたちを楽しませる必要がある。騒がしい子どもたちは、待たされてイライラしている乗客をさらにイライラさせる」という問題にアプローチしたいとする。これに対して、以下のような観点で HMW questions を考えていく [18]。

- よい面を伸ばす：どうすれば子どもたちのエネルギーを使ってほかの乗客を楽しませられるだろう？
- 悪い面を除去する：どうすれば子どもたちをほかの乗客から引き離せられるだろう？
- 反対を探す：どうすれば待ち時間を旅行の楽しみにできるだろう？
- 思い込みを疑う：どうすれば空港の待ち時間を完全になくせるだろう？
- 形容詞で考える：どうすれば苛立たしい待ち時間を心地よい時間にできるだろう？
- ほかのリソースを見つける：どうすればほかの乗客の待ち時間を活用して負担を減らせるだろう？
- ニーズや文脈から連想する：どうすれば空港を公園のようにできるだろう？
- 原因の立場になって考える：どうすれば空港を子どもたちが行きたくなるような場所にできるだろう？
- 現状を変える：どうすれば騒がしい子どもたちをおとなしくさせられるだろう？
- 問題を分割する：どうすれば子どもたちを楽しませられるだろう？　母親をゆっくりさせられるだろう？　イライラしている乗客をなだめられるだろう？

10.3.3. ブレインライティング（635法）

ブレインライティングとは、ブレインストーミングのように参加者が自由に発言しながら発想するのではなく、各自が決められた時間内に強制的にアイデアを書き出していく手法であり、所定の時間内に確実に多量のアイデアが得ら

れるという利点がある。この手法では、6人が3つのアイデアを5分間の間に
シートに記述する。5分経過するとアイデアを記述したシートを隣の人に回す。
これを一回りするまで繰り返していく。この時、自分に回ってくる前に記述さ
れたアイデアを参照し、そこから別の案を連想したり、元の案を発展させたり
してもよい。人数については、実施する際のチームの数に応じて多少増減させ
ればよく、6人で実施した場合には、3つのアイデア×6ラウンド×6つのシー
トで計108のアイデアが35分間で得られることになる。

10.4. プロトタイピングのための手法

　プロトタイプとは試作品のことであり、アイデアやデザイン案を視覚化・具
現化したプロトタイプの作成を通して、アイデア創出、価値の評価・検証など
を行うことをプロトタイピングという。必ずしも忠実度の高いプロトタイプで
なくても、デザインプロセスの早い段階でアイデアを体験し、その価値を検証
しながら改善を繰り返すことは、人間中心デザインプロセスの反復設計のため
には重要である。プロトタイピングの利点としては、やはり利用状況がイメー
ジしやすくなるという点があろう。デザイナー自身にとっても、ほかの人との
コミュニケーションにおいても、具体的なイメージが可視化されていると評価・
改善が行いやすい。プロトタイプは、目的や対象によってさまざまな種類が使
い分けられる。プロトタイプの主な目的としては以下の点が挙げられる。

- アイデアの創出：チームでイメージを共有したり、実際にプロトタイプに
  触れる経験を通して発想を促したりすることで、アイデアの創出・改善に
  寄与する。
- 専門家によるデザイン評価：ユーザー視点でプロトタイプを評価すること
  で、現状の問題点やユーザー要求事項を抽出する。
- ユーザーによるデザイン評価：ユーザーにプロトタイプを利用してもらい、
  その利用状況の観察から問題点やユーザー要求事項を抽出する。ただし、
  ユーザーに使ってもらう場合には、ある程度忠実度が高くないと実際の利
  用場面を想定してもらうことは難しい。
- プレゼンテーション：第三者に製品やサービス利用時の体験を具体的に伝
  える。

実際の製品に近い形で試作する方法だけでなく、アイデアやデザイン案の具現化に関する代表的な手法を以下に紹介する。

┃ ペーパープロトタイピング

紙、ペン、付箋などを使って画面デザインの案を短時間・低コストで作成するプロトタイプである。複数人でUIデザインを検討したり、ユーザー視点ですぐに試してすぐに変更したりできるので、簡易的なユーザビリティの検討などに使われる。

┃ オズの魔法使い

ペーパープロトタイプなど簡易なプロトタイプを使って、ユーザーにシステムを疑似体験してもらってフィードバックを得る手法である。ユーザーの行動に合わせて操作画面や機器を動かす人工物役の人を配置し（例えばボタンを押したら紙芝居をめくる、など）、ユーザーからはシステムの動作がイメージしやすいようにする。精緻なユーザビリティテストができるわけではないが、デザインプロセスの早い段階でユーザーの行動を観察することができる。

モックアップ

見た目を再現した模型などのことであり、外観に関連する使用感、サイズ感、意匠などの評価のために使われる。GUI（Graphical User Interface）なら見た目を再現した静止画、プロダクトなら模型などを目的に応じて作成する。例えばアイディエーションの最中に簡易にイメージを共有するために作る場合などは、紙や段ボールなど身近な素材で簡単に形作ることもある。見た目を正確に評価したい場合は、実製品と同様に忠実度の高い模型を作成する。

┃ ワイヤーフレーム

GUIの検討に用いるものであり、画面のレイアウト、骨組み、画面間の関係を簡潔に表したものをワイヤーフレームという。プロトタイプツールなどを使い、クリックや画面操作した際の簡易な挙動や画面遷移を再現することも多い。製品としての機能は備えていなくても、タスクの流れに応じて一通りの画面遷移をすることで簡易にユーザビリティを検討することができる。

┃ ハイファイ・プロトタイプ

ここまで述べたようなプロトタイプは完成度（忠実度）が低く、製品開発の比較的早い段階で使われるものである（ローファイ・プロトタイプ）。これに対して実製品に近い見た目で、実際の機能の全部または一部を動作可能なよう

に実装した、忠実度の高いプロトタイプをハイファイ・プロトタイプと呼ぶ。ローファイ・プロトタイプの場合、その見た目や完成度に影響されてユーザーが正しく利用状況を想定しにくいため、一般ユーザーに協力してもらって行うユーザビリティテストは行いづらいが、ハイファイ・プロトタイプのように一部でも実製品に極めて近い形であれば、一般ユーザーを対象としたユーザビリティテストに利用されることもある。

▌ストーリーボード

　物理的な模型ではないが、アイデアの視覚化という広い意味でプロトタイピングの手法として紹介する。これは紙芝居や漫画のように、ユーザーの一連の体験における各キーフレームをポンチ絵にして切り出して、それを時系列に並べたストーリーとして表現したものである。目指すべきユーザー体験の検討や共有のために使われる。各キーフレームにおいてユーザーにどんな体験をしてほしいのか、どんな価値を提供するのか、などを具体的に検討してイラストなどにすることで可視化する。

▌アクティングアウト

　これは何かモノや画像を作るわけではなく、製品やサービスの利用に関わるシーンを寸劇のように演じるという手法である。サービスなど形のある製品でなく、ユーザーの体験に焦点を当てた場合のプロトタイプと言えよう。デザイナーや開発者自身がユーザー視点で利用シーンを演じたり、別の人が演じている場面を観察したりすることで、予見される問題やユーザー要求事項に対する気付きを得ることができる。また、利用シーンを含めて製品やサービスのデザイン案を見せることができるため、プレゼンテーションの方法として使うこともできる。

10.5. デザイン評価のための手法

10.5.1. 評価手法の分類

　デザインプロセスにおいて提案・改善したデザイン案を評価する手法は、そのアプローチの違いによりいくつかに大別できる。まず、実施のタイミング・目的で分類すると、形成的評価、総括的評価、運用的評価という分け方ができる [19]。形成的評価とは、開発プロセスの途中で改善のための問題点を把握す

ることが目的の評価である。1回の評価・改善で完璧な改善ができるわけではなく、新たな問題が見つかる可能性もあるので、形成的評価は1度行えばよいというわけではない。改善の効果の検証であったり、最初に見つかった重大な問題の陰に隠れたほかの問題を見つけ出したりするためには、繰り返し評価を行うことが有効だろう。これに対して総括的評価とは、ある一連の開発プロセスの後に成果確認を目的として実施するものである。改善前後の比較やベンチマークとの比較のために定量指標を算出し、形成的評価によって改善を繰り返したその効果を評価する。運用的評価とは、製品やサービスの開発が一段落し、実利用段階に入った際に、ユーザーがどのように利用し、どのように感じているかを確認するものである。これらの評価はそれぞれ目的が異なるため、デザインプロセスの中でこれらの評価を適切に組み合わせて行うことが重要になる。例えば、総括的評価において定量指標を算出したとしても、その評価結果になった理由はわからないし、途中で形成的評価を行わず改善がされていないなら、よい評価は得られないだろう。

　また別の観点としては、ユーザーに協力してもらうか否かという分類もできる。ユーザーに協力してもらう手法は実験的手法とも呼ばれ、コンセプトをユーザーに提示してそれについて評価してもらったり、デザインした製品やサービスを実際にユーザーに利用してもらったりする評価方法である。一方で、ユーザーに協力してもらわない手法では、専門家自らがユーザー視点で評価するものであり、分析的手法（インスペクション法）と呼ばれる。ユーザーに協力してもらう場合は、デザイナーなどの評価者の主観ではなくユーザーの客観的な視点で評価ができ、そこから得られる結果は実際に利用の中で起こった事実であると言える。ただし、実施に当たっては評価目的に応じたプロトタイプが必要になるし、評価にかかる時間やコストなど多くのリソースが必要になる。一方、専門家自らが分析的に評価する場合は、実施に当たっては必ずしもプロトタイプは必要でなく、必要となる時間やコストも小さくて済むので、開発過程の早い段階から気軽に実施しやすい。また、ユーザーに利用してもらう場合は特定の利用状況やタスクに絞って評価する必要があるが、分析的手法の場合は分析者自身が網羅的に細部まで評価することができる。ただし、得られる結果はあくまでも分析者が考えた仮説にすぎず、実際にユーザーが利用した際に起こり得るかどうかは保証できない。このように、それぞれ利点・欠点がある

ので、目的や状況に応じて適切な手法を選択すればよい。

10.5.2. ユーザビリティテスト（実験的手法）

▌概要

ユーザーに協力してもらう実験的手法の代表的な評価手法として、ユーザビリティテストがある。これは、実際にユーザーに評価対象製品の特定のタスクについて操作してもらい、ユーザビリティに関するデータを得るという評価手法である。形成的評価、総括的評価のいずれの評価にも活用される。ただし、後述するが、評価の目的によって評価指標は異なる。

▌手順

（1）テストの計画

まず、どういった評価を行うのかを計画する。何を目的とした評価で、どんなデータを得て、何を明らかにしたいのか、得た結果はどう利用するのかといった点を明確にする。また、評価に投入できる予算やスケジュールについても確認しておく必要がある。そして、これらの点に基づいて、何を評価対象とし、誰に評価してもらい、どんな手法や評価基準を使うのかを検討する必要がある。例えば、総括的評価としてパフォーマンス指標を算出するなら、どんな指標を使うのかなどを決める必要があろう。

（2）参加者のリクルーティング

ユーザビリティテストに参加してもらう実験参加者の条件を決め、そのリクルーティングを行う。何の条件も決めずにただ人を集めればよいというわけではなく、評価の目的を達成するために必要な条件を満たしたユーザーを選定する必要がある。実際にユーザーに操作してもらうユーザビリティテストでは、ウェブサービスなどで多人数のデータを取得しやすいアンケート調査などとは異なり、実験に参加してもらえる人数は限られる。市場で製品やサービスを利用するユーザーは多様であるが、ユーザビリティテストにおいてその多様な特性を網羅することは難しいので、テストの目的に応じて代表的・典型的と思われるユーザーに焦点を絞ることが多い。ただし、ある特定のユーザーの属性の違いを検証することが評価の目的であるとか、属性の違いによる差が顕著であることが明らかである場合には、属性の違うユーザーをそれぞれリクルーティ

ングする必要があるだろう。

　実験参加者のリクルーティングに当たっては、評価の目的に適合する条件を設け、それに合致する人を集める。こうした手続きをスクリーニングと言い、評価対象の製品やサービスに関連する知識・スキル、利用状況、使用環境などの観点から条件を設けることが多い。例えば、自動車のHMIを評価するのに運転免許を持っていない人を選定したり、料理レシピのアプリを評価するのに料理経験のない人を選定したりしても適切な評価結果は得られないので、ユーザビリティテストの利用状況に適しているかということに注意する。

　リクルーティングの手段としては、人材派遣会社、社内外（学内外）からの公募、知人や関係者伝いの依頼（機縁法）などを利用することが多い。昨今、SNSなどを介して実験参加者を募集するケースも見られるが、ユーザー属性が評価目的に適合しているかどうかや偏りがないかという点についてはよく確認する必要がある。例えば、SNSで特定のコミュニティにだけ声をかけたとすると、その知識や興味などに偏りが生じると予想されるが、それが評価の目的に影響を与えないかどうかという点には注意すべきであろう。

　実験参加者を集める際に、何人に参加してもらえばよいのかという点も検討しておく必要がある。Nielsenによると問題点抽出を目的としたユーザビリティ評価の場合、5人のユーザーでテストすればその時点の評価対象製品のユーザビリティの問題の約85%を発見できるとされている[20]。これは、たとえ少数の実験参加者であったとしても、ユーザビリティテストを行うことによる成果は大きいということであり、積極的にユーザビリティテストをする利点を示している。またその一方で、必要以上に多くの人数に対してテストをしたとしても、似たような問題を何度も観察することになるということも示しており、問題点の抽出を目的とする場合には、一度に大人数に対してユーザビリティテストを行うよりも、そのリソースを5人程度のテストを複数回行うことに使い、評価・改善のサイクルを回す方が有意義な可能性を示している。なお、この85%というのは問題の重要度とか製品全体の完成度とは違う意味なので、5人に対してユーザビリティテストをすれば高いユーザビリティが保証されるというわけではない。当然ながら、たとえ同じ製品であったとしても、評価対象タスクや利用状況が異なる場合をすべて網羅できるわけではないし、機能制限があるユーザーの多様性などをすべて網羅できるわけでもない。

（3）タスクの設計・準備

ユーザビリティテストの対象とするタスクを設計し、それを実施するための準備を行う。テストの目的に応じて、それに適合するタスクを考える。ここでいうタスクとはユーザーに行ってもらう作業のことであり、これに基づいてユーザーは評価対象を利用することになる。最も重要なのは、実験参加者全員がきちんと同じ理解ができるように明確な提示をするということである。そのためには、タスクのスタートとゴールを明確に定義しておく必要がある。タスクのスタートというのは、どの状態からタスクを開始するかということである。画面操作であれば、どの画面の、どういう状態からスタートするのかを決めておかないと、利用状況や操作方法も変わる。タスクのゴールは、ユーザーがタスクを達成できたかどうかを判断するために必要になる。これを明確にしておかないと、ユーザーは何を目指して操作して、どこで操作を終えてよいのかわからないし、評価者側もゴールが達成できたのかどうか判断ができない。例えば、「この機能を自由に使ってください」などと指示をされてもユーザーは何をしてよいかわからずに困ることになる。

また、単にタスクを提示するだけでなく、どういった利用状況であるのかを理解してもらうためにシナリオを提示することも重要である。ユーザビリティテストは、実験室などで評価者に観察されながら操作を行うことになる。こうした状況では実際の利用場面とは乖離しており、何のために提示されたタスクを行うのかイメージができない。実際に製品やサービスを利用する場合には、その利用に至る動機や背景があるはずで、それを想定して操作してもらうことで、できるだけ実利用場面に近い状況を再現した評価を目指す。提示するシナリオの例を図 10-8 に示す。

対象：チケット予約のためののスマホアプリ
タスク：音楽フェスのチケットを予約する

提示したシナリオ

あなたは今年開催される音楽フェス「○○フェス」に友達と参加することにしました．友達と相談し、7/6に1日だけ参加することになり、チケットは各自で予約することにしました．このアプリを使って、チケットの予約をしてください．

図 10-8　ユーザビリティテストにおいて提示するシナリオの例

また細かいことであるが、口頭でタスクを提示されただけだとユーザーが操作中に忘れてしまったり、人によっては聞き間違えたりすることもあるので、タスクは1つずつ紙などに印刷して提示するのがよいだろう。

タスクが決まったら、それを実施するためのツールを必要に応じて準備する。操作対象のプロトタイプやアプリケーション、記録用の機材、実験参加者への指示書、テスト用のスクリプト（台本）、アンケート用紙など、テスト中に必要になるものを作成・手配する。

(4) 予備テスト

予備テストを行う。いろいろと検討して準備しても、実際にテストを行うと検討不足や予想外のことが起こるので、テストの実施に当たって不備がないかを事前に確認する。想定した方法で得たいデータが得られそうか、タスクの提示の仕方はユーザーにとってわかりづらくないか、記録用の機材は問題なく使えるか、作成した台本に抜けはないか、などをチェックしておく。またこの時に、テストの実施にかかる時間を想定しておく。

(5) 実査

予備テストで確認・調整した内容に基づいて実査を行う。通常、実験参加者の負担を考え、1人につき1〜1.5時間程度で済むように計画することが多い。実験環境は特殊な状況であり、参加者も緊張することが多いので、できるだけ普段の素の行動が見られるように、実施前に会話をするなどラポールの形成に努める。また、ユーザビリティテストはユーザー自身の能力を測るわけではないので（実験参加者のテストではない）、テスト中にわからないことがあったり操作ミスなどがあったりしても実験参加者はまったく責任を感じる必要はないということを伝えておく。

(6) デブリーフィング

テスト実施後にはデブリーフィングを行う。各実験参加者のテストが終わったら、テストに参加した関係者（見学者も含む）間で記憶が薄れないうちにテストについて話し合っておく。

(7) テスト結果の報告

テスト結果の分析および評価レポートを作成する。問題点抽出を目的とした形成的評価であれば、抽出された問題点とその重要度を報告する必要があるだろう。具体的な問題発生場面の図や画面と、問題点抽出の根拠となるユーザーの発話や行動を紐付けて説明するとわかりやすい。具体的な分析の観点については、後述する評価指標の説明を参照されたい。また、問題点だけでなく、よかった点についても併せて報告することで、改善のヒントが得られるし、問題点の改善の中でよい点がなくなってしまうことを防ぐことができる。定量的指標の算出を目的とした総括的評価では、得られた指標をグラフで図示し、必要に応じて統計解析を行う必要があろう。

評価レポートの作成に当たっては、ユーザビリティのための産業共通様式（common industry format for usability: CIF）などが参考になるだろう。これは人間中心設計の各活動の成果を記述するための規格であり、ユーザビリティテストの結果についてもこれに基づいて記述することで、適切な記述内容を満たすことができよう。

▌ ホールウェイテスト

ここまで述べた内容に則ってユーザビリティテストを行うには、それなりにハードルがある場合もある。特に、企業等における製品やサービス開発の実務においては、人・予算・時間といったリソースの制限、組織体制や文化の課題、社外秘で外部ユーザーをリクルーティングできない、などの理由によって実施が難しい場合がある。しかし、そうした場合においても、何かしらの制限があったとしても何もやらないよりは、実施して第3者に見てもらうことには意義があろう。もちろん、どういった制限があるかは念頭に置く必要があるが（例えば、本来のユーザーとは特性が異なるとか）、簡易なテスト実施のためにはホールウェイテストという考え方がある。ホールウェイとは廊下のことで、社内の廊下を歩いている人を捕まえて簡易にテストをするというような手軽さを表している。実際に廊下でテストをすることはないだろうが、開発チーム以外の第3者に対して、簡易に設計されたユーザビリティテストを行うだけでも得られる気付きは多々ある。

▌ 評価指標

ユーザビリティテストによって取得できる主な指標について紹介する。

(1) 発話・行動の観察（プロトコル分析）

　ユーザビリティテストにおけるプロコトル分析とは、実験参加者のタスク実施中の発話や行動を観察し、その思考を分析することである。主に、改善のための問題点抽出を目的としているので、形成的評価のために活用される。ユーザーの認知プロセスやメンタルモデルを把握するために用いられ、単に操作の結果や不満だけでなく、なぜ操作に失敗したのか、なぜ不満に思ったのかという行動の理由を把握することができる。操作中に考えていることを常に口に出しながら操作してもらう思考発話法（Think Aloud Method）や、操作後に振り返りながら発話してもらう回顧法（Retrospective Method）により、発話を記録する。多くの人は、操作しながら思考内容を常に発話するということには慣れていないので、事前に練習してからテストを実施した方がよいだろう。著者は、「頭の中を実況中継してください」というように指示することが多い。また回顧法は、操作中の発話が難しい場合に用いられる。例えば、音声操作の機器が対象であるとか、車の運転のように操作中の発話が注意散漫になって危ないといった場合は、回顧法を用いることを検討するとよいだろう。この時、操作している様子をビデオで記録しておき、その映像を見せながら、操作の時に考えていたことを話してもらうと発話を得やすい。

　発話してもらう内容としては、「今、何を考えているか」「次にどうしようと思うか」「なぜそうしようと思ったのか」などであるが、ユーザーによっては発話を忘れてしまったり、うまく発話できなかったりする場合もある。基本的に実験参加者がタスクを遂行している最中は、実験者から口出しすべきではないが、発話が止まったら「今、何を考えていますか？」や「どうなると思ったのですか？」などの質問を行い、発話を促す。原則としては、ユーザーの自発的な会話を観察することに注力し、ユーザーの注意を過度にそらしたり、操作を中断したりするような質問は行わない。また同意を求めたり、行動を促したりするような発話は行わないように注意する。実験参加者から質問された場合も回答してはいけない。例えば、「これは○○できるんですか？」「どのボタンを押せばよいですか？」などと言われても、「どう思いますか」などのように実験参加者の行動を否定も肯定もせず、自身の考えで動いてもらうように仕向ける。

　プロトコル分析に限った話ではないが、問題点を抽出したら、それを整理・

分析する。よく行われるのは重要度の分析である。抽出した問題点すべてにアプローチするのが理想かもしれないが、実際にはさまざまな制約（時間やコスト）から重要度が高いものから順にアプローチしていくことが多いだろう。また、問題間でトレードオフが発生しているケースもあり、そうした場合には重要度をつけておくことで判断しやすくなる。ユーザビリティの問題点の重要度を考える時、問題の発生頻度と問題の影響度の2つの観点で考えることが多い。例えば表10-2のように、発生頻度と影響度のかけ合わせから重要度を決める。ここで発生頻度とは、抽出された問題点が実際の製品利用状況においてどれくらい頻繁に起こり得るか、ということである。また影響度とは、ユーザーの操作に与える影響であり、その問題点によって目的達成が不可能になるような問題（有効さに影響がある問題）は最も影響度が高いと言えるだろう。

　問題点を分析するという観点で言うと、重要度付け以外にも評価対象の違いによる問題点数の比較、実験参加者ごとの平均問題発生数、各問題点に直面した実験参加者数、カテゴリやタスクの違いによる問題点数などの観点から定量的な数値を得ることもできる。得られた問題点を適切に理解し、報告するために、必要に応じてこうした分析結果が示されることもある。

表 10-2　問題点の重要度付け [21]

		想定される発生頻度	
		少数のユーザーが問題に直面する	多くのユーザーが問題に直面する
影響度	UX への影響が小さい	Low	Medium
	UX への影響が大きい	Medium	High

(2) パフォーマンス

　ユーザビリティテストにおけるパフォーマンスとは、ユーザーの操作成績であり、テスト結果を定量的かつ客観的に示すために役立つため、主として総括的評価において分析されることが多い。よく使われるパフォーマンス指標としては、タスク達成率、タスク達成時間、エラーといった観点がある。いずれについても測定の条件を揃えるために、通常「できるだけ早く、正確に操作してください」と実験参加者に指示したうえで操作してもらう。また問題点抽出を

目的としたユーザビリティテストにおいては5人という人数について説明したが、パフォーマンス測定の場合は、定量的な数値を得て、それを統計的に解析するため5人では少なすぎる。何人であれば適切かというのは実験条件や目的にもよるので一概には言えないが、統計的に処理をすることを考えると、1つの条件に付き15〜20サンプル程度は集めたい。

　タスク達成率は有効さに関する指標であり、その算出方法は主に、「タスクのゴールを達成できたかどうかを2値（達成か未達成か）で判定する方法」と、「タスクの達成の仕方に段階を設ける方法（部分的に達成している、など）」がある。例えば、前者の方法であれば各実験参加者が各タスクを達成できたかどうかを表形式で記録し、全参加者の結果をグラフ化するということがよく行われる。

　タスク達成時間は、操作の速さ（効率性）に関する指標の1つである。タスク開始（スタート）の状態とタスク達成（ゴール）の状態を明確に定義しておき、スタートからゴールに至るまでの時間計測を行う。操作ログを取得したり、ビデオカメラで撮影したりして計測することが多い。タスクによって達成時間は異なるので、基本的にはタスクごとに平均達成時間を算出するが、操作目標時間が各タスクにおいて明確にある場合はそれを閾値として、目標時間以内の実験参加者の割合を算出する、といった結果のまとめ方もある。

　タスク達成時間を算出する際には、いくつか事前に検討すべき点がある。1つは、タスク達成時のデータのみを扱うか、未達成時のデータも含めてすべて扱うか、という点である。未達成時のデータを含める場合は、ある特定のタスク未達成者が操作に迷って極端に長い操作時間になってしまうケースがある。制限時間を決めて打ち切る場合もあり得るが、平均値を算出した際に、純粋にタスクを達成した際の時間にはならないことに注意すべきだろう。また、前述の思考発話法による発話実施時に計測するのかという点もある。自分自身の思考内容を考えて、それを発話すると当然、それに要する時間もかかるので、時間計測と発話は同時に行わないことが多い。また、タスク達成に至る手順が複数あるかどうか、という点にも注意する必要があろう。ショートカットできる道筋がある場合、ショートカットした参加者とそうでない参加者のタスク達成時間をひとまとめにして平均時間を算出してもその意味は薄い（どんな操作過程が選ばれるのかを知りたいなら、それそのものを観察するなり、人数を数え

るなりした方がよいだろう)。

　操作時間の観点から問題点を抽出するための手法として、NEM (novice expert ration method) というものもある [22]。これは、操作ステップごとの、初心者や一般ユーザーの操作時間 Tn と熟練者や設計者の操作時間 Te の比（NE比）である、Tn/Te のことである。この比が大きいということは、初心者・一般ユーザーと熟練者・設計者の操作モデルにギャップがあるということであり、各操作ステップにおける比の大きさはこのギャップを定量化したものであると捉え、問題が潜んでいると考えることができる。NE比が4.5以上の場合に、重大な問題が潜んでいると判断されるとも言われている [22]。

　タスク実施中の操作エラーもユーザビリティ評価をする際の重要なポイントであるが、パフォーマンス指標として定量化するためには少し工夫がいる。エラーを定量化するとなると、エラー数やエラー率という観点が挙げられるが、これらを算出する場合には、「エラー」の定義に留意する必要がある。エラー数を数えるにしても、何が正しい行動で、何がエラーか、どこまでを1つのエラーとするのか、どのレベルをエラーとするのか、などを決めておく必要がある。6章で紹介したようなヒューマンエラーの分類などを活用して、エラーを種類ごとにカテゴライズするといったこともできよう。また、エラー率を算出するのであれば、分母をどうするか、ということを決める必要がある。いずれにせよ、エラーの定義を明確にしておくことが肝要である。

　操作エラーの観点を含む定量化指標としては、タッチ倍率やLostness得点といったものも提案されている。タッチ倍率というのは、ユーザーがUIに何らかの操作（ボタンを押す、クリックするなど）を加える数をタッチ数としてカウントし、これをタスク達成のための最小タッチ数で除した値である [23]。1に近いほど操作ミスが少なく、最短距離でタスクを達成できたと言える。またLostness得点とは画面操作時の効率性を表す指標である [24]。Lostness得点は以下の式（10-1）で定義される。この時、N は実験参加者が訪れた画面の種類、S は実験参加者が訪れたのべ画面数（再訪問した同じ画面もカウントする）、R はタスクを達成する最小のべ画面数、を表す。Lostness得点が小さいほど、実験参加者は迷わず効率的に操作できたことを示し、0が最もよい得点となる。

$$\text{Lostness} = \sqrt{\left(\frac{N}{S}-1\right)^2 + \left(\frac{R}{N}-1\right)^2} \qquad (10\text{-}1)$$

(3) 主観評価

　ユーザビリティテストにおける主観評価とは、タスクを実施した参加者に質問紙に答えてもらい、それによって満足感や使いやすさを総合的に評価するものである。パフォーマンス評価と同じく、ある程度サンプル数は必要にはなるが、比較的容易に定量化できる。主観評価には、各タスク終了後に実施するPost-Task評価と、すべてのタスク終了後に実施するPost-Study評価の手法がある。

　Post-Task評価の代表的な手法として、ASQ（after scenario questionnaire）がある[25]。これは、以下の3項目について7段階の評定尺度による回答を求めるものである。

　・このタスクを簡単に完了できたことに満足している。
　・このタスクを完了するのに要した時間に満足している。
　・このタスクを完了する際に提示された情報（ヘルプ、メッセージ、ドキュメントなど）に満足している。

　Post-Study評価の代表的な手法としては、SUS（system usability scale）がある[26]。これは、全タスク終了後にテスト対象について表10-3の10項目について5段階の評定尺度で回答を求めるものである。奇数番号の項目は評点から1を引き、偶数番号の項目は5から評点を引き、それらの値を合計する。この値に2.5を掛けると100点満点の得点が算出される。ほかの代表的なユーザビリティ評価のための質問紙としては、QUIS（questionnaire for user interface satisfaction）やSUMI（software usability measurement inventory）などがある。

表10-3　SUSの質問項目（文献[27]の日本語訳に基づく）

番号	項目
1	このシステムをしばしば使いたいと思う
2	このシステムは不必要なほど複雑であると感じた
3	このシステムは容易に使えると思った
4	このシステムを使うのに技術専門家のサポートを必要とするかもしれない
5	このシステムにあるさまざまな機能がよくまとまっていると感じた
6	このシステムでは一貫性のないところが多くあった
7	たいていのユーザーは、このシステムの使用方法についてとても素早く学べただろう
8	このシステムはとても扱いにくいと思った
9	このシステムを使うのに自信があると感じた
10	このシステムを使い始める前に多くのことを学ぶ必要があった

10.5.3. インスペクション法（分析的手法）

▌概要

インスペクション法とは、ユーザーに協力してもらわず、ユーザビリティやデザインの専門家自らが評価対象の製品を評価する手法である。ユーザビリティテストを実施するのに比べて、短時間かつ低コストで実施可能であり、必ずしも完成度の高いプロトタイプを必要としないので、デザイン開発の上流工程から早い段階で利用しやすい。

ユーザビリティテストのように特定のタスクについての評価だけでなく、比較的幅広く問題点が抽出できるのはインスペクション法の強みでもあるが、その一方で、細かい問題点を多く抽出しすぎて（重箱の隅をつつくような評価になりがち）、すべてに対応するためにはコストがかかりすぎるという問題もある。そのため、問題点が発生し得る頻度やユーザーに与える影響の大きさについても併せて検討し、問題点の優先度付けを行うことも多い。

▌認知的ウォークスルー [28]

これは、評価者（専門家）がユーザーになったつもりで、ユーザーの認知的な行動を予測・想定して問題点を抽出する手法である。必ずしも製品を必要とするわけではなく、簡易なプロトタイプや仕様書でも実施可能である。以下のような4つのステップに分けてユーザーの認知プロセスを想定し、ユーザーの思考・行動をシミュレートする。評価対象のタスクに対して、以下の4ステップを繰り返して行い、ユーザーが操作を進めるうえでどういった問題があるのかを考える。

① 目標を立てる。
② 有効な行為を行うためのインタフェースを探す。
③ 目標の達成につながると思われる行為を選択する。
④ 選択した行為を実行し、目標の達成に対してフィードバックを評価する。

▌タスク分析

10.1.4 節で紹介したタスク分析は、ユーザビリティのインスペクション評価手法としてもよく用いられる。詳細は、10.1.4 節を参照のこと。

▌ヒューリスティック評価

Nielsen の提案した 10 Usability Heuristics を使って専門家が分析する手法を、ヒューリスティック評価（heuristic evaluation）と言う。ヒューリスティック評

価では表 10-4 に示す 10 個の観点から、評価者がユーザーの視点に立って問題点の抽出を行う。評価の方法は厳密に決まっていないが、例えばウェブサイトではページ単位で評価されたり、家電製品ではタスク単位で評価されたりすることが多い。3 ～ 5 名の複数の専門家が個別に評価し、その後の協議によって問題点を整理することで複数の観点から網羅的に評価することができる。この時、問題を指摘した評価者の数はあまり重要でなく、幅広く問題点を抽出することを目的とする。

表 10-4　10 ユーザビリティヒューリスティックス [29]

番号	項目
1	システム状態の視認性
2	システムと実世界の調和
3	ユーザコントロールと自由度
4	一貫性と標準化
5	エラー防止
6	記憶しなくても見ればわかるように
7	柔軟性と効率性
8	美的で最小限のデザイン
9	ユーザーによるエラーの認識・診断・回復をサポートする
10	ヘルプとマニュアル

■ チェックリスト

　チェックリストによる評価もインスペクション法の 1 つである。メーカーなどで評価対象製品の製品カテゴリがある程度決まっている場合は、それに特化した具体的なユーザビリティのチェック項目を設けておくことで、半自動的に最低限の問題を確実に捉えることができる。チェックすべき項目が具体的で、その基準も明確であれば、必ずしも専門家でなくても評価ができるだろう。

　また、既存の一般化されたデザインガイドラインや基準をチェックリストとして使うこともできよう。この場合、汎用のガイドラインであれば多くの評価対象に共通して用いることができるが、各項目をよく理解している専門家でないと適切な評価が難しい場合もある。

10.5.4.　実利用を伴う評価手法

　製品やサービスの運用段階での評価のためには、実利用中のユーザーの行動や経験を分析する手法が活用できる。

行動分析：シングルケースデザイン法 [30]

単一もしくは少数の事例を対象にその行動を追跡的に測定し、デザインの変更などといった何らかの介入（条件の違い）がユーザーの行動に与える影響を検証するアプローチである。まず、現状そのままの非介入の状態を十分に把握し、その状態をベースラインとし、介入後に調べたい対象の行動がどう変わったかを比較する。ベースライン（A）と介入（B）の2つの条件を比較するのが最も基本的なAB法である。この時、ベースライン期にしても介入期にしても1回の測定だけでなく、それぞれ一定期間を時系列にわたって繰り返し十分な期間測定することで、単一データの水準の違いだけでなく、変動や傾向についても把握する。またAとBそれぞれ1回ずつでは偶発的な変動を捉えることもあり得るので、A→B→A→Bのように複数回繰り返すことで、介入効果の再現性を確認することができる。少なくとも2回以上（ABAB）繰り返すことが推奨される。また、ベースラインと介入の2条件の比較だけでなく、介入の方法に複数の種類がある場合には、複数の介入をランダムに入れ替えながら実施する条件交替法などが活用できる。

日記法やUXカーブなどの中長期的なUXを捉える手法

中長期的にUXを捉える手法は、ユーザーが実際に製品やサービスを利用する中でどういった体験・経験を得るのかという点に焦点を当てている。8.3.2で紹介したこうした手法は、運用段階での評価手法として活用できるだろう。

参考文献

[1] 山岡俊樹（編・著）、岡田明・田中兼一・森亮太・吉武良治 (2015) デザイン人間工学の基本、武蔵野美術大学出版局、176-180

[2] EthnoHub (2017) AEIOU Framework, https://help.ethnohub.com/guide/aeiou-framework

[3] 讃井純一郎、乾正雄 (1986) レパートリー・グリッド発展手法による住環境評価構造の抽出：認知心理学に基づく住環境評価に関する研究 (1) 日本建築学会計画系論文報告集、367、15-22

[4] 辻村荘平 (2017) 階層的に構造化された評価を引き出すための評価グリッド法、日本音響学会誌、73 (12)、783-789

[5] 永田蒼衣、土井俊央 (2024) 喫茶店を対象とした評価グリッド法によるレトロな空間の価値評価構造、日本人間工学会第65回大会、1E1-4

[6] 山岡俊樹（編・著）、岡田明・田中兼一・森亮太・吉武良治 (2015) デザイン人間工学の基本、武蔵野美術大学出版局、184-192

[7] 山岡俊樹 (2012) サービスタスク分析、ユーザビリティタスク分析で要求事項を抽出する、日本人間工学会第 53 回大会、34-35

[8] 日本人間工学会 (編) (2003) ユニバーサルデザイン実践ガイドライン、共立出版

[9] 浅田和美 (2006) 図解でわかる　商品開発マーケティング　小ヒット＆ロングセラー商品を生み出すマーケティング・ノウハウ、日本能率協会マネジメントセンター

[10] 安藤昌也 (2016) UX デザインの教科書、丸善出版、224-228

[11] 川喜田二郎 (1967) 発想法　創造性開発のために、中央公論新社

[12] 大谷尚 (2008) 4 ステップコーディングによる質的データ分析手法 SCAT の提案　―着手しやすく小規模データにも適用可能な理論化の手続き―、名古屋大学大学院教育発達科学研究科紀要 (教育科学)、54(2)、27-44

[13] 大谷尚 (2011) SCAT: Steps for Coding and Theorization ―明示的手続きで着手しやすく小規模データに適用可能な質的データ分析手法、感性工学、10(3)、155-160

[14] 木下康仁 (2003) グラウンデッド・セオリー・アプローチの実践　質的研究への誘い、弘文堂

[15] 川西裕幸・栗山進・潮田浩 (2012) UX デザイン入門　ソフトウェア＆サービスのユーザエクスペリエンスを実現するプロセスと手法、日経 BP

[16] 山崎和彦・上田義弘・高橋克実・早川誠二・郷健太郎・柳田宏治 (2012) エクスペリエンス・ビジョン　ユーザを見つめてうれしい体験を企画するビジョン提案型デザイン手法、丸善出版

[17] Interaction Design Foundation. How Might We (HMW), https://www.interaction-design.org/literature/topics/how-might-we

[18] Hasso Plattner Institute of Design at Stanford. Method: "How Might We" Questions, https://bplawassets.learningaccelerator.org/artifacts/pdf_files/d.school-How-Might-We-Questions.pdf

[19] Childs, J.M., Bell, H.H. (2002) Training Systems Evaluation, In: Charlton, S.G., et al. (Eds) Handbook of Human Factors Testing and Evaluation, CRC Press, 487-492

[20] Nielsen, J., Landauer, T.K. (1993) A mathematical model of the finding of usability problems, Proceedings of ACM INTERCHI '93, 206-213

[21] Albert, B., Tullis, T. (2008) Measuring the User Experience: Collecting, Analyzing, and Presenting Usability Metrics (1st Edition), Morgan Kaufmann, 105-108

[22] 鱗原晴彦・古田一義・田中健一・黒須正明 (1999) 設計者と初心者ユーザーの操作時間比較によるユーザビリティ評価手法、ヒューマンインタフェースシンポジウム 1999 論文集、537-542

[23] 三菱電機デザイン研究所 (2001) こんなデザインが使いやすさを生む―商品開発のためのユーザビリティ評価―、工業調査会、43

[24] Smith, P.A. (1996) Towards a practical measure of hypertext usability, Interacting with Computers, 8,(4), 365-381

[25] Lewis, J.R. (1991) Psychometric evaluation of an after-scenario questionnaire for computer usability studies: The ASQ, SIGCHI Bulletin, 23(1), 78-81

[26] Brooke, J. (1996) SUS-A quick and dirty usability scale, Usability evaluation in industry, 189(194), 4-7

[27] 山岡俊樹 (編・著)、岡田明・田中兼一・森亮太・吉武良治 (2015) デザイン人間工学の

基本、武蔵野美術大学出版局、359-360

[28] Rieman, J., Franzke, M., Redmiles, D.（1995）Usability evaluation with the cognitive walkthrough, Proceedings of CHI '95, 387-388

[29] 樽本徹也 (2005) ユーザビリティエンジニアリング　ユーザ調査とユーザビリティ評価実践テクニック、オーム社

[30] 島宗理(2019)応用行動分析学　ヒューマンサービスを改善する行動科学、新曜社

11. 人間特性に関するデータの 計測・利用

11.1. データの取得方法とその留意点

11.1.1. 測定するデータの種類

データとは、ある規則や方法に従って集められた、ある事象（人やその行為、または製品やサービスが持つ特性）に関する事実や数値のことであり、実験や調査・観察などによって測定される。どんなデータであっても測定に当たっては、妥当性と信頼性を担保できるようにすることが重要である。測定の妥当性とは、実際に測定したデータが測定したいことを正しく表しているかということであり、「目的に合った適切なモノサシで測っているか」とも言い換えられる。測定の信頼性とは、測定誤差についてのことであり、正確で安定した測定が行えているかという観点である。仮にまったく同じ条件で同じデータ測定を繰り返し行った時に再現性の高いデータが得られれば、信頼性は高いと言える。

データを大きく分けると、定量的データと定性的データとに分けることができる。定量データとは数値や数量で表されたデータであり、人体寸法の測定値、課題達成率、満足度、問題点の数などがこれに当たる。一方、定性的データとは数値化することが難しいデータのことであり、テキストや図などで表されたデータである。アンケート自由記述やインタビューで得られたテキスト、直接観察などから得られた気付きや問題点などがこれに当たる。

統計学的には、測定によって得られるデータは、名義尺度、順序尺度、間隔尺度、比例尺度の4つに分類することができる。名義尺度と順序尺度は質的変数とも呼ばれ、狭義にはこれを定性的データと言うこともある。間隔尺度と比例尺度は量的変数とも呼ばれ、狭義にはこれを定量的データと言うこともある。尺度の種類によって、数値の表す意味や統計処理の仕方に違いがあるため、データ測定・分析においては注意する必要がある。

名義尺度はカテゴリカルデータとも呼ばれ、数値は単に質的なカテゴリの分類を表す意味しかなく、数値の大きさや順序に意味はない。例えば、「はい」「いいえ」の二者択一で回答する場合や、あるカテゴリ「A」「B」「C」いずれに当てはまるかを選択するような場合のデータがこれに当たる。この時、「はい」を1、「いいえ」を0として数値を割り当てても数値は単に項目を分類する意味しかない。分析にあたっては、「はい」や「いいえ」の数を集計して度数による分析を行うか、質的データを取り扱える解析手法（数量化理論など）を適用する。

順序尺度では、数値は対象の序列関係を表す。数値の大小に意味はあるが、あくまでも順序を示すのみであるため、数値間の間隔に意味はなく（一定ではない）、和や差を取り扱うことはできない。例えば、製品A、B、Cを使いやすい順に、1位、2位、3位と並べたようなデータである。こうしたデータは平均値に意味がないため、代表値としては中央値や最頻値が使われることが多い。分析においては順位を取り扱うノンパラメトリック検定などを適用する。一般的なアンケートなどでよく見る「5：非常に満足」「4：満足」「3：どちらともいえない」「2：やや不満足」「1：不満足」のような5段階の質問項目も、数値間の差が等間隔であることは保証できないので、厳密には順序尺度である。ただし、こうした形式のデータは便宜上、間隔尺度とみなして処理される場合も多い。

間隔尺度は、数値の順序関係に加えて、数値間の差が等間隔である尺度である。数値間の比に意味はないが、数値の和や差には意味がある。例えば、温度は間隔尺度であるので「10℃と15℃の差は5℃である」と言えるが、比が異なるため「5℃は1℃の5倍熱い」とは言えない。間隔尺度と、次に述べる比率尺度は量的データとも言われ、多くの統計量、解析手法を利用できる。

比例尺度では、間隔尺度に加え絶対原点（ゼロ）があり、比率にも意味がある。和や差に加え、比率を扱うことができる。例えば、身長や体重などは比例尺度であると言える。

11.1.2. 実験によるデータ取得
▌実験とは
実験とは、実施者が積極的にデータ生成に関与する方法であり、実施者が研

究対象に何らかの介入をして、その効果を検証するために用いられる。一般的に、人間を扱う実験では、対象とする事象（人間の特性や製品の使いやすさなど）に影響していると思われる要因を変化させ、その時の実験参加者の反応（行動）を観察・測定し比較することで、前者（要因）が後者（実験参加者の反応）に及ぼす影響を検討する。実験者が操作する要因を独立変数（実験変数）と呼び、測定される実験参加者の反応を従属変数と呼ぶ。一般的な実験では、独立変数と従属変数の関係を調べることで、人間の特性や製品の使いやすさを推定する。

▌ データの変動

　当然ではあるが、実験で得られるデータは一定ではなく、さまざまな要因によるばらつき（データの変動）がある。実験で得られたデータの変動は、有意味な情報（要因の違いによる効果）によるものと、誤差によるものとに分けることができる。データ解析では、実験で得られたデータの中にある有意味な情報を的確に取り出すために行うものであるが、もともと誤差ばかりのデータでは有意味な情報を見出すことはできない。そのため、実験を行う際には、信頼性・妥当性の高いデータを得ることができるように計画する必要がある。

　ここで言う有意味な情報とは、実験者が操作した実験変数の違いにより生まれたデータ変動のことであり、それ以外のすべての原因によるデータ変動が誤差となる。実験における誤差は、(1) 系統誤差（恒常誤差）と (2) 偶然誤差に分けることができる。系統誤差とは、実験参加者の反応（従属変数）に一定の規則的な影響を及ぼす実験変数以外のデータ変動であり、剰余変数とも呼ばれる。例えば、実験変数とは考えていなかった実験室の環境が実験参加者に及ぼす影響などがこれに当たる。これは実験者の工夫次第で統制することが可能である。これに対し偶然誤差とは、まったくの偶然による不規則なデータの変動を意味しており、実験者が統制することは不可能である。つまり、実験によって有効な結果を得るためには、従属変数に影響を及ぼす系統誤差を統制し、本来明らかにしたい実験変数の効果を高い精度で確認できるように工夫することが重要になる。

▌ 系統誤差の統制

　系統誤差の影響を統制するための方法としては、(a) 恒常化、(b) 無作為化、(c) 局所管理の 3 つの方法がある。

（a）恒常化とは、実験室の明るさ・温度・湿度など、従属変数に影響を及ぼすと思われるものを常に一定に保ち、系統誤差の影響を一定にする（恒常化する）ことである。どの実験参加者、条件においても一様に影響を与えるのであれば、系統誤差によるデータの変動は抑えることができる。ただし、系統誤差を恒常化した場合に見られる実験変数の効果は、あくまでもその恒常化された条件下で当てはまるものとなり、実験結果を一般化するうえでの課題となる。また、恒常化する際に、どの水準で一定に保つのかということについては慎重に考える必要がある。

（b）無作為化とは、あえて系統誤差を積極的に統制せず、実験変数の各水準における系統誤差をまったくの偶然に任せて決定する方法である。こうすることにより、系統誤差を偶然誤差へと変換する。例えば、実験参加者を2群に分ける際にランダムに振り分けることなどがこれに当たる。ただし、系統誤差の効果が大きければ、データの変動によって偶然誤差が大きくなり、結果として本来見たかったデータの変動が埋もれてしまい、実験変数の効果を正しく検出できなくなる恐れがある。このことから、局所管理が可能な場合には、まずは局所管理を検討することが望ましい。

（c）局所管理とは、ブロック化とも呼ばれ、実験の単位をいくつかのブロック（層）に分けて、各ブロック内で実験変数の各水準のデータを得る方法である。これにより、ブロック化した要因の影響をできる限り取り除くことを目指す。例えば、年齢の影響が想定されるなら年齢層ごとにブロック化（20代、30代、40代など）し、その中で均等に水準A、Bを割り付ける、といったことである。

▌順序効果

系統誤差の1つに、実験参加者が複数の条件の実験を行う時の実施順序がある。例えば、同じ実験参加者群に対して条件Aと条件Bについて実験する場合、条件AとBどちらを先に実施するかという実施順序の違いが実験結果に影響するのが、順序効果（順序による系統誤差）である。この順序効果による誤差を統制するために、半分の実験参加者は「A⇒B」の順で、もう半分の実験参加者は「B⇒A」の順で実施する必要がある。このような同一の実験参加者内での実験の際に、その系列による効果を相殺する方法をカウンターバランスと言う。しかし、2条件の場合はこのように単純に対応できるが、条件数が増

えると実施順序の組み合わせが増えてしまい、現実的ではなくなる。こうした場合、実施順序をランダムにしたり、循環法と呼ばれる方法が用いられたりする。循環法とは、表11-1のように、1つ目の実験順序（表11-1では実験参加者aの順序）を無作為に決め、それ以降は実施順序を1つずつずらしていき、m種類の実施順序を作成する方法である[1]。これにより、各条件の実施順序と前後の連続する条件がカウンターバランスされる。

表11-1　循環法の考え方（4条件の場合）[1]

実験参加者	1回目	2回目	3回目	4回目
a	1	2	4	3
b	2	3	1	4
c	3	4	2	1
d	4	1	3	2

▎参加者内変数と参加者間変数

実験を計画するうえで、実験変数を参加者内変数とするのか、参加者間変数とするのかという観点がある。ここで参加者間変数（between-participant variable）とは、実験変数の各水準によって実験参加者が異なる（実験条件ごとに異なる実験参加者を割り当てる）方法である。また参加者内変数（within-participant variable）とは、すべての実験参加者にすべての実験条件を実施する方法である。参加者内変数の利点としては、個人差による誤差変動を排除できること、実験を行う際の実験参加者が少なくて済むことがあるが、前に実施した実験課題が後の実験課題に強く影響を与える場合などは、参加者間変数にせざるを得ない場合もある。また、先に述べたカウンターバランスを行うことで、参加者内変数とすることによって生じる系統誤差を統制する必要がある。

11.1.3. 調査によるデータ取得
▎調査とは

調査とは、実験のように積極的に実験者が条件統制をするのではなく、研究対象に対して介入を行わずに、発生したデータを観察・取得することである。ここまで述べた実験は強力な手法である一方で、大規模なサンプリングを行うことが難しい。また、倫理・コスト・技術などの制約から条件統制が難しかっ

たりするなど、実験者側が直接的にデータ生成に関与しづらい場合には、調査が有効である。実験に比べると因果関係を論じることは難しいが、実験としてコントロールされて得られたデータではなく、現実場面により対応したデータが取れる。

▍標本誤差と非標本誤差

調査には、全数調査と標本調査がある。全数調査とは、母集団すべてを対象に調べるもので、ほとんどのケースでは実施が難しい。これに対し標本調査とは、母集団からある標本（サンプル）を抽出し、その標本を調査することで母集団を推定する手法である。一部の標本から母集団を推定するので、当然、その推定値には誤差が生じる。これを標本誤差と言う。例えば、多様な年齢層が含まれる母集団であるのに子どもだけを抽出すると、当然その特性は母集団全体の特性とは言えない。サンプル数が多く、母集団と同じ性質であるほど標本誤差は小さくなる。どんな標本をどのように抽出するか、という点には注意を払う必要があろう。

標本誤差以外の、調査の計画・実施・データ分析などによって生じる誤差を非標本誤差と言う。これは、たとえ全数調査であっても調査の方法によって生じるものである。調査を設計する際には、できるだけ非標本誤差を小さくし、精度の高い調査ができるように注意する必要がある。

▍質問紙の文章表現

ここでは、代表的な調査手法である質問紙調査（アンケート）において非標本誤差を小さくするための工夫について述べる。具体的な質問紙調査の手法については、11.4 節において紹介する。

質問紙を構成する文章表現によっては、本来聞きたいことがうまく聞けていなかったり、回答者が質問をよく理解できずうまく答えられなかったりすることが起こる。代表的な留意点としては、まずできるだけわかりやすい表現や用語を用いるということであろう。難しく、不明瞭な質問に対しては深く考えずに肯定してしまう黙従傾向が助長されやすい。賛否を問うような場合も黙従傾向による歪みを防ぐために、賛成ですか、それとも反対ですか、のように両方向から聞いた方がよいだろう。また、「A や B のことが好きですか？」のように、1 つの質問に複数の論点が含まれると回答者によってはうまく回答できないので（この例なら、A は好きだけど B は好きじゃない）、1 つの論点のみを問

うようにする。一般論として聞くのか、回答者自身の個人的なこととして聞くのか、のように回答の前提の違いでも回答が変わるので、こうした点にも注意を払う必要がある。

▌質問項目の配列

質問紙を構成するに当たっては、質問項目を提示する順序も重要な検討事項になる。最初の方は答えやすい、差しさわりのない質問から始めるとスムーズに回答をしてもらえる。また質問項目が多い場合、後半になると疲れてくることもあるので、重要な質問や深く考える必要がある項目は中ほどまでに配置しておくとよいだろう。前の質問が後の質問に影響を与えることをキャリーオーバー効果と言うが、これにも注意する必要がある。例えば、予測・説明される変数（総合満足度など）と、予測・説明するための変数（満足度の要因など）に関する質問があれば、前者を先に配置する。これは、予測・説明するための変数に回答した後だと、自身の回答結果に基づいて帳尻を合わせて回答されることがあるためである。

▌考慮すべき誤差の要因

ここまで述べた事項以外で、回答結果が歪む原因となり得ることを表11-2に示す。

表11-2　質問紙調査において回答結果が歪む原因

要因	概要
母集団の特性	本来調べたい母集団を代表しない人を調査対象としてしまう（例：大学の卒業生を対象とした調査で、特定の学部や学科だけに集中してしまう）
回答者の疲労	質問が多すぎると後半に疲れていい加減な回答をしてしまう
社会的望ましさ	ほかの人から好意的に見られるように社会的に望ましい方向に過大・過少に回答してしまう［例：違法行為、見栄（所得など）、羞恥（性行動など）］
質問文の不備	意味の取り違えや誤解
回答拒否	社会的圧力などによって自身の意見を表明しにくい場合（例：社内で直属の上司が部門内でのハラスメントについて尋ねるなど）
調査主体バイアス	誰が調査しているかに対して強い好意や敵意があるとそれが回答に影響してしまう
調査員バイアス	調査員の属性が回答に影響を及ぼす（例：顔見知りの調査員が調査する場合や異性の調査員が自宅に訪れて調査する場合など、プライベートな問題への回答をしてもらいにくい）

11.2. 人間特性に関するデータの活用

　実験や調査によって得た人間特性に関するデータをデザインに活用することを考える際、測定したデータをそのまま設計値として使うことは難しい。データをデザインに活用するためには、得られたデータを適切に解釈し、デザインに使える形に翻訳する必要がある。

　多くの場合、データが計測された状況と、実際の製品やサービスの利用状況は異なる。そのためどういう状況で、どんな測定条件で計測されたのか、ということからデザイン対象への適用可否を判断する必要がある。計測上状況と実利用状況が異なる状況で盲目的にデータを活用しても適合しないので、このギャップを埋める何らかの調整は必要だろう。また、データの活用方法についても考える必要がある。許容値なのか、最適値なのかでは当然、扱い方が変わるだろう。

　人間工学ではあくまでもデザイン対象のシステム全体の最適化を考える必要がある。ある個別の要素において望ましいと思われる設計値が見つかったとしても、それがシステム全体を見た時に必ずしも最適とは限らない。人間工学の研究から得られた知見やデータは特定の要因に特化した知見が多いが、それをそのまま適用してもうまくいかないケースもある。本書のこれまでの章においてさまざまなデザイン原則を紹介してきたが、それらがすべて同時に成り立つとは限らず、トレードオフが発生することもある。例えば、文字の見やすさを考慮して理想的な文字サイズを決めたとして、画面などのスペースによっては文字が大きすぎて文章全体の意味が捉えづらくなるかもしれない。また、ユーザーにとって心地よく疲れにくいキーボードにすべく、望ましいとされる要件をすべて入れ込んだら、ノートパソコンが厚く、重くなり、それを持ち運んで使いづらくなり、総合的なUXは悪くなるかもしれない。こうした場合、個別の要素だけを見て考えるのではなく、トレードオフを考慮して、システム全体を見た時のUXがよくなるように優先順位を付けたり、トレードオフを解消するような新デザイン案を考案したりすることが必要になる。

11.3. 生理測定

11.3.1. 表面筋電図

　筋の緊張に伴って発生する電位（筋電位）を計測することで、筋の緊張状態を推定する方法を筋電図法（EMG: electromyography）と言う。このうち、皮膚表面に電極を貼り付け、筋電位を記録する方法を表面筋電図（surface EMG）と呼ぶ。表面筋電図は非侵襲的な方法であり、実験参加者に苦痛を与えたり、作業を妨げたりすることがないため、人間工学的な用途で一般的に用いられる。

　表面筋電図で測定するのは、筋を構成する筋繊維が収縮する際に発生する活動電位である。人間は大脳から送られる信号によって筋収縮を行うが、この運動指令が送られてきた際に筋繊維上の電位が変化し、隣り合う箇所に伝搬していく。表面筋電図では、電極が貼り付けられている皮下におけるこの活動電位の総和を記録する。これは以下の図のように、約十Hzから数百Hzの波形として計測される（図11-1）。この振幅はおおよそ10μV以下から数mVまで変化し、その大きさは筋収縮の強度に比例する。小さな力を発揮している場合は、収縮する筋繊維の数は少なく、そこから発生する電位も小さいので振幅は小さくなる。発揮する力を増加させると、収縮する筋繊維の数は増え、それに伴って電位も大きくなる。つまり、振幅の大小から筋収縮の度合を把握することができるのである。また、筋の疲労に伴い、低周波成分の波が増加する傾向（徐波化）がある。

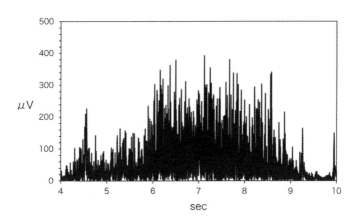

図11-1　表面筋電図の波形の例（全波整流した波形）

人間工学的な用途で表面筋電図を用いる場合、ある特定の作業を行っている時、その動作に関連する筋肉を対象として計測することが多い。これによって、筋活動の程度を検討するわけだが、得られた生の波形のままだと解釈が難しい。そこで筋電図波形の解析の際に、ある作業中の筋活動の度合いを表す定量化指標を算出する方法がある。

まず人間工学研究のために筋電図計測を行う場合、複数の実験協力者・複数の試行における筋活動を測定することが多い。その際、筋電図波形の振幅は筋収縮の度合いを表すが、これには個人差があるため、実験協力者間の比較や異なる試行間での比較を行うには基準を決めて正規化する必要がある。一般的には各実験協力者の最大随意収縮（maximum voluntary contraction: MVC）（当該筋において最大筋力を発揮した時の振幅）を基準として%MVCを算出し、これに基づいて分析する方法が用いられる（%MVC = MVC / EMG × 100）。

この%MVCに変換した波形に基づいて分析を進める。まず、生の筋電図波形はゼロを境にしてプラスとマイナスで構成されているので、整流を行い、マイナスの波形を上側に反転してプラスに置き換えないと（絶対値をとる）、平均値はほぼゼロになってしまう。よく用いられる指標としては実効値（RMS (root mean square)）、平均振幅、積分値がある。実効値とは、対象とする区間の振幅を二乗した値の平方根である。平均振幅はその名のとおり、対象区間の振幅の平均で、積分値は対象区間の面積である。

また筋疲労の傾向を捉えるためには周波数解析がよく用いられる。筋が疲労するにしたがって、徐波化により低周波成分が増加していく。そのため、対象とする区間に対して高速フーリエ変換（FFT: fast Fourier transform）を用いて、横軸が周波数、縦軸がパワーとなるパワースペクトルを導出する。このパワースペクトルにおける周波数の中央値（MF: median power frequency）や平均値（MPF: mean power frequency）が筋疲労の指標として参照される。ただし、こうした指標を用いて評価する場合は、筋収縮力を一定にする必要があり、等尺性収縮（関節を動かさず静的な筋収縮）を対象とすることが多い。何かしらの具体的な作業中の直接的な解析ではなく、特定の作業が筋疲労に与える影響を捉えたい場合は、作業前後に等尺性収縮を別途行い、それに対して解析を行うことで評価をすることもある。

11.3.2. 中枢神経系の計測

中枢神経系とは

神経系とは人間の全身にある神経細胞のネットワークであり、これによってさまざまな情報伝達や生命維持を行っている。神経系を大きく分類すると、脳と脊髄から成る中枢神経系と、それ以外の末梢神経系に分けられる。中枢神経系では得られた感覚情報を処理し、脳からの意思を身体各部に伝達するという役割を担っている。ここでは特に、脳を対象にした測定方法として、脳波とfNIRS（機能的近赤外分光法）（functional near-infrared spectroscopy）の概略を紹介する。

脳波計測

頭皮上においた電極から、脳の神経活動に伴って生じる電位を計測する方法を脳波（EEG: electroencephalogram）計測と言う。EEGで計測される電位とは、主に大脳皮質のシナプスにおける神経伝達物質の移動に伴なって発生する電位の変化であり、電極付近にある多数の神経細胞群の活動の総和である。EEG計測で扱う電気信号は非常に微弱（μVオーダー）であり、周辺電気機器など計測環境からのノイズ、まばたきや歯がみなどの筋活動によるノイズなどが混入しやすい。したがって、EEG計測の際にはノイズを抑制するための入念な準備・工夫が必要である。

脳波計測の際の電極は、国際10-20法（図11-2）に基づいて貼り付けることが多い。人間工学分野の測定では必ずしもすべての部位に電極を貼り付けるわけではなく、提示刺激や研究内容に応じて数か所に焦点を当てて測定することも多い。この時、解剖学的部位との対応関係から測定する電極を検討する（例えば、O1、O2は視覚野、F3, F4は運動野、Fp1、Fp2は前部前頭葉など）。

人間工学分野でよく取り扱われる脳波の分析としては、事象関連電位（ERP）と周波数分析がある。事象関連電位とは、ある刺激に対する知覚や認知処理に対応して出現する電位である。ランダムに発生するノイズを相殺するため、複数回刺激を提示し、その加算平均によって算出する。人間工学分野でよく使われる代表的な指標としては、内的な判断を求める課題で見られる、潜時がおよそ300 ms付近に見られるP300という成分がある（図11-3）。このP300の潜時や振幅が評価対象として用いられる。

また、脳波はその周波数成分から、精神的な緊張度合いや睡眠段階を推定で

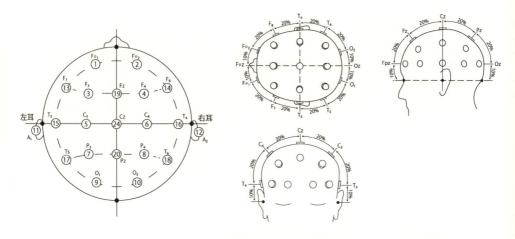

図 11-2 国際 10-20 法の電極配置

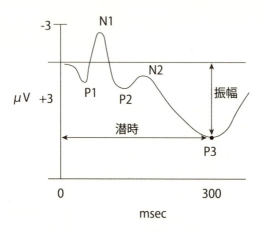

図 11-3 P300 の潜時・振幅

きるとされている。脳波は 0.5 Hz 程度から数十 Hz の波形として計測され、表 11-3 のように分類できる。バンドパスフィルタで特定の周波数帯の波形を観察したり、パワースペクトルを導出し、どの周波数成分が優位であるかを観察したりすることができる。また、このパワースペクトルに基づいて得られた脳波における α 波と β 波の含有率を算出するなどして、精神的緊張度を表す定量的な指標として扱うことができる。

表11-3 脳波の分類

波	特徴
δ波：4 Hz 未満	主に睡眠中に出現する
θ波：4～8 Hz	まどろみ状態などに出現する高振幅波
α波：8～13 Hz	リラックスしている安静状態や集中している状態で優位となる正弦波のような波形(後頭部で顕著に現れる)
β波：13～25 Hz	覚醒状態で生じる低振幅の不規則な波形

fNIRSによる脳血流量変化の計測

　fNIRSでは頭皮上から近赤外光を照射し、脳の神経活動に伴う脳血流量の変化を計測する。頭皮上から近赤外光を照射すると、血液中のヘモグロビンに吸収されつつ、一部が再度頭皮上に戻ってくる。ヘモグロビンの濃度が異なると光の吸収量が異なるので、頭皮上の受光センサで戻ってきた光を捉えることで、脳血流量変化に伴うヘモグロビン変化を推定することができる。

　fNIRSで得られるデータは、具体的には酸素化ヘモグロビン（OxyHb）と脱酸素化ヘモグロビン（DeoxyHb）の濃度変化を表す信号強度である（図11-4）。脳において神経活動が増えると代謝が活発になり、酸素消費量が増える。そうすると酸素化ヘモグロビン濃度が減少し、脱酸素化ヘモグロビンが増加するという反応が見られる（刺激提示後、数百 msec ～ 1 sec 程度）。その後、血管拡張が起こり、酸素化ヘモグロビンを含む血液が流れ込み、脱酸素化ヘモグロビンを含む血液が減少し、全体として酸素化ヘモグロビン濃度が増加する（刺激

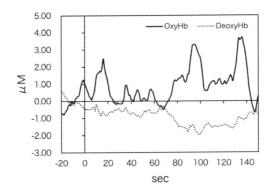

図11-4　fNIRSの測定例

提示後、数秒程度）。fNIRS は、この数秒後に起こる酸素化ヘモグロビン濃度の変化を推定し、分析するものである。課題提示からヘモグロビンの濃度変化までに数秒程度時間を要するため、連続して課題を行う場合などはこの点に注意して課題間隔をあける必要がある。また、頭部の上下方向の動きや傾斜があると脳活動とは関係なく頭皮上の血流量に増減が発生し、それにより近赤外光が頭皮で吸収される量が変わってしまう。測定の際にはこの点にも注意が必要である。

　計測のために照射する光については、頭皮など各部の厚さや構造の違いによって光が通る経路の長さが同じにはならず、また把握・制御できるわけでもないため、得られた結果を個人間や異なる領域間で比較することはできない。そこで、安静時と課題中の差分を取るなど標準化のための工夫が必要になる。

11.3.3. 自律神経系の計測

▌自律神経系とは

　自律神経とは末梢神経の1つであり、無意識的に生命維持のための機能をコントロールしている神経系である。大脳からの指令がなくても独立して働く神経系であり、内蔵や心臓の働きを調節する。交感神経と副交感神経の2つの系統から成る。これらは、いずれも内蔵諸器官を支配しており（二重支配）、互いに拮抗的な働きをする（拮抗支配）。交感神経は、脈拍数、血圧、呼吸数を増加させ、身体の活動度を上げる準備を整えるように働く。交感神経系が優位な場合は、活動がアクティブな状態で、集中して緊張感を保っている状態である。また高いストレス状態では交感神経が優位になる。副交感神経は脈拍などを減少させ、平常状態へ戻すように働く。副交感神経が優位な場合は、生体を休息させるリラックス状態になる。また副交感神経が優位な場合は、眠気が高まる。

　この自律神経系の働きに伴う生体の活動を計測することで、実験参加者の内的な状態（例えば、表11-4）を推定することができる [2]。自律神経の活動は、心拍変動性（heart rate variability: HRV）、容積脈波、瞳孔、血圧、皮膚組織血液量、精神性手掌発汗などさまざまな器官に反映される。生体の状態を推定するに当たっては、単一の指標のみでなく、由来の異なる複数の指標を測定することで多角的に検討することができる。

表 11-4　自律神経系の活動のパターン[1]

情動の性情	交感神経	副交感神経
驚愕、急性の恐怖、憤怒	+++	−
持続的な不安、緊張、怒り、興奮	++	++
平安、休息	−	+
失望、抑うつ、悲哀、憂愁	−	−

心拍変動性指標の計測

心電図によって心拍間隔の変動を計測し、それに基づいて算出される指標を心拍変動性指標と言う。心電図から計測される波形は図 11-5 のようなものであり、このうちプラス側に最も大きくみられる R 波の間隔である RRI（RR interval）が利用される。R 波を精度よく検出するためには、500 Hz 以上のサンプリング周波数が望ましいとされている。また、心拍変動は呼吸による影響を受ける。そのため、心電図計測の際には呼吸を一定にするようにしたり、呼吸を同時に計測したりすることもある。

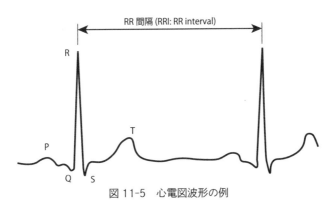

図 11-5　心電図波形の例

RRI の時系列データを得たら、その変動を分析するわけであるが、そのままの生データだと横軸の単位は拍（beat）になり、等間隔のデータではなく扱いづらい。そこで、計測されたデータをスプライン補間などで滑らかにつなぎ、等間隔の時系列データに変換する。これを周波数解析すると図 11-6 のような 2 つの山を持つパワースペクトルが得られる。この 0.04 〜 0.15 Hz くらいの低周波成分（LF 成分）と、0.15 〜 0.4 Hz くらいの高周波成分（HF 成分）に基づいて HRV 指標を得る。

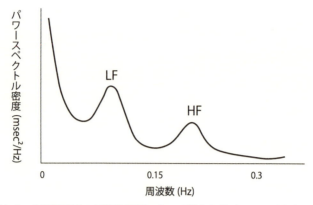

図11-6 心電図波形の周波数解析によって得られるパワースペクトルの例

　LF成分は交感神経と副交感神経の両方の活動を反映しているとされており、HF成分は副交感神経の活動を反映しているとされている。このことから、HF成分のパワーの総和は副交感神経の指標として利用される。またLF成分とHF成分との比率（LF/HF）は、交感神経の指標とされることが多い。ただし、これはLFとHFが拮抗的に働いている場合に限られ、副交感神経活動の抑制のみが起こっている場合には、この指標では意味付けが難しくなる。

　また周波数解析を行わず、LF成分とHF成分の分離はしないで、RR間隔の変動の大きさそのものを捉える指標もある。RR間隔の標準偏差や変動係数などは、全体的な変動性を表す指標として利用される。

そのほかの自律神経系指標

　指尖容積脈波は、心拍動によって血液が全身に送り出され、その圧力によって変動する血管容積の変化を指先に付けた計測装置で捉える指標である。血液量が変わるとヘモグロビン量が増え、光の吸収量が変わるので、その変化から血管の収縮や拡張の程度を計測する。心電図計測と同じく循環器系の指標であり、心拍の情報を含む波形が得られるため心拍変動性指標の算出ができる。

　また循環器系以外の指標としては、瞳孔径や皮膚電気活動などが代表的である。瞳孔は交感神経の活性化で大きくなり、副交感神経の活性化で小さくなるため、瞳孔径が自律神経系活動の指標として利用できる。これは、視線計測に用いられるアイマークレコーダで計測できる。瞬きの最中は計測ができないとか、暗順応・明順応といった光の影響によっても瞳孔径変化があるといったこ

11. 人間特性に関するデータの計測・利用　239

とに注意を払う必要がある。

皮膚電気活動は、精神性の発汗による皮膚の電位や伝導度の変化を測定するものである。特に手掌において明確に観察できるため、精神性手掌発汗を測定する。この精神性手掌発汗に関わる汗腺は交感神経系の支配を受けており、交感神経活動の指標として用いられる。

11.4. 心理測定

11.4.1. 精神物理学的測定法

精神物理学は Fechner によって提唱された、光や音などといった刺激の強さと人間の感覚・知覚の対応関係を数量的に検討する学問であり、そこで用いられた測定法が発展したものが精神物理学的測定法である。調整法、極限法、恒常法の 3 つに分類され、これらの方法によって、刺激閾、弁別閾、主観的等価点などを測定するものである。刺激閾とは、ある物理的な刺激を人が検出できる（感覚が生じる）かどうかの境界の刺激の強さである。また刺激の強さをある値以上に上げても、それ以上感じ方が変わらないという境界を刺激頂という。弁別閾とは、刺激の変化量を検出可能な最小の刺激の強さの差である。丁度可知差異（just noticeable difference: JND）とも呼ばれる。主観的等価点（point of subjective equality: PSE）とは、ある標準刺激に対して比較刺激が等しいと感じられる時の刺激の強さである。

▌調整法

調整法は、あらかじめ提示された標準刺激に対して、実験参加者自身が比較刺激を調整し（刺激の強さを変化させる）、標準刺激と比較刺激の強さが等価かどうかを判断させる方法である。主観的等価点の測定に向いた方法であるが、感覚が生じたところに調整するように求めることで、刺激閾を測定することもできる。弁別閾を直接的に測定する方法ではないが、主観的等価点の標準偏差に 0.6745 倍（確率 75% の z 得点）した値を弁別閾として推定することができる [3]。

▌極限法

標準刺激と、刺激の強さが少しずつ増加もしくは減少していく比較刺激とを比較し、これらの大小や等価かどうかを判断させる方法である。極限法におい

て主観的等価点と弁別閾は、以下のように算出する [4, 5]。2件法(「大きい」「小さい」など)で回答を求めた場合は、回答が変化した前後の値の中央値が主観的等価点となる。また3件法(「大きい」「小さい」「等しい」など)で回答を求めた場合は、「等しい」から「大きい」もしくは「小さい」に回答が変化する前後の中央値をそれぞれ「等しい」の上限、下限とし、この上限と下限の中央値を主観的等価点とする。また、上限と下限の差の半分が弁別閾となる。刺激の強さが増していく上昇系列と減少していく下降系列では、回答結果が異なるため、上昇系列と下降系列の平均を算出する。測定対象によっては、標準刺激を用いない場合もある。

恒常法

あらかじめ決めておいた4～7段階程度の比較刺激をランダムな順序で複数回(少なくとも20回程度)提示し、標準刺激と比較させる方法である。標準刺激に対して比較刺激が「大きい」もしくは「小さい」の判断を実験参加者に求めた場合、「大きい」もしくは「小さい」いずれかの反応が得られた確率を、比較刺激の強さ(物理量)の関数で表す。この関数は、図11-7のように通常S字型になるので、ロジスティック曲線などを当てはめて表すことができる。この時、確率0.5(縦軸)の時の刺激の強さ(横軸)を主観的等価点とし、確率0.5と確率0.75(もしくは確率0.25)の時の刺激の強さの差を弁別閾とする [5]。測定対象によっては、標準刺激を用いない場合もある。

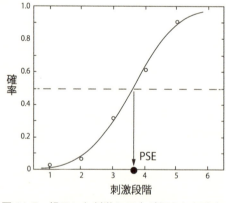

図 11-7　提示した刺激と反応が得られた確率の関係の例

マグニチュード推定法

ここまで述べた3つの方法は、ある感覚を生じさせる刺激量を調べ、その結果から間接的に感覚量と物理量の数量的関係を調査する方法である。これに対しStevens は、感覚の強さは実験参加者が直接的に数値で表現可能であると考え、提示した刺激の主観量を直接数値で報告させるマグニチュード推定法を提案した。この時、標準的な主観量は示さず、実験参加者の自由に任せ回答を求

める [4]。ただし、主観量は個人ごとに違いがあるため、標準刺激に対する主観量が一定になるようにデータ処理の際に換算する必要がある。また同じ刺激であっても複数回提示して回答を求めた場合、その推定値の分布は歪んでいることが多いため、代表値としては中央値や幾何平均を用いる。また Stevens は、このマグニチュード推定法を用いて、感覚量 R は刺激の強さ S のべき乗に比例するという関係（式（11-1））を示した（Stevens のべき法則）。この時、定数 k やべき指数 n は感覚の種類によって異なると言われている。また、式（11-1）の両辺の対数をとると式（11-2）となり、$\log R$ は $\log S$ に比例することを意味し、グラフが直線になれば、べき法則が成り立っていると考えることができる。

$$R = kS^n \qquad\qquad\qquad (11\text{-}1)$$
$$\log R = n \log S + \log k \qquad\qquad\qquad (11\text{-}2)$$

11.4.2. 質問紙による測定

▍評定尺度法

評定尺度法とは、製品に対する印象や使いやすさなどを評価したり、回答者の状態、考え方、好み、気分などを評価したりする際に、あらかじめ決められた規則に則って、その当てはまり度合いを数値で表す方法である。代表的な方法として、質問項目に対して回答者が同意できる度合いを選択させるリッカート尺度があり（例えば、「1: まったく当てはまらない」、「2: 当てはまらない」、「3: どちらともいえない」、「4: 当てはまる」、「5: 非常に当てはまる」などの 5 段階の尺度）、5 段階や 7 段階の尺度が使われる場合が多い。中間の「どちらともいえない」という選択肢を省いて、偶数段階で回答させる場合もある。基本的には、順序尺度としての意味合いしかない尺度であるが、7 段階や 9 段階など段階数の多い場合は間隔尺度とみなして分析される場合もある。

▍Visual Analogue Scale (VAS)

質問項目への当てはまり度合いを、ある決められた長さの線分（例えば、10 cm）上に印を付けることで回答する方法で、評定尺度法の一種である。例えば、痛みの評価であれば、線分の一方を「まったく痛みはない」、もう一方を「想像しうる最大の痛み」として、現在の痛みの程度に当たる部分にチェックをしてもらい、この時の距離によって主観的な痛みを数量化する。

SD法

　SD法とは、Osgoodによって提案された、製品の印象や人の態度などを評価するイメージの調査法で、評定尺度法の一種である。SD法では、調査対象のイメージに意味的に関連すると考えられる、反対の意味を持つ形容詞対（「明るい－暗い」、「重い－軽い」など）を用いて、評価対象がいずれの形容詞に近いかを回答させる。回答は、中間の「どちらでもない」を含めた5～9段階程度で評価させる場合が多い。評価結果を概観し、評価対象間のイメージの違いを簡便に比較するために、図11-8のようなプロフィール（スネークチャート）を作成する。このプロフィールは、各形容詞対に対する回答者の平均値をプロットしたものである。

　SD法で得られるデータは厳密には順序尺度のデータではあるが、形容詞対に意味的な対称性があり、評価の段階数も多いことから間隔尺度と考え、因子分析を用いて処理されることが多い。因子分析を行うことで、どんな因子が対象の評価を決めているのかという、評価対象についての判断基準（意味構造）を把握することができる。またSD法は、通常多数の形容詞対について評価するので、因子分析によって重要な形容詞対を取捨選択することもできる（例えば、各因子に対する因子負荷量の高い形容詞対に絞ってプロフィールを作成する、など）。

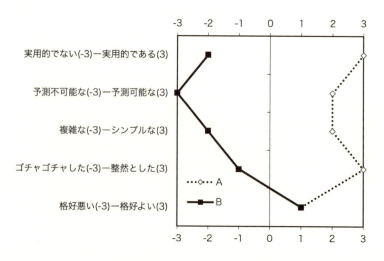

図11-8　スネークチャートの例

11. 人間特性に関するデータの計測・利用　243

▌一対比較法

一対比較法とは、n 個の評価対象 A1、A2、…An がある時に、n 個の中から 2 個ずつ取り出して比較判断をする方法である。比較判断の方法としては、2 つの評価対象のどちらが上位であるかを判断し、順位のみをつける方法（サーストンの方法やブラッドレイの方法など）と、順位の判断だけでなく、その程度を表す評点を付ける方法（シェッフェの方法など）がある。シェッフェの方法では、1 人の評価者が比較判断する対の数（1 対のみを評価するか、すべての対を評価するか）と、1 対の中の比較順序を考慮するか（（A1、A2）と（A2、A1）を区別するか、しないか）によって異なる方法が提案されている（表11-5）。それぞれの方法におけるデータ処理方法については専門書を参照されたい（例えば文献 [6]）。

表 11-5　1 対比較法の種類

判断の仕方	手法	特徴	
順位を付ける	ブラッドレイの方法	1 対のみを評価、比較順序は考慮しない	
	サーストンの方法	1 対のみを評価、比較順序は考慮しない	
順位とその程度を表す評点を付ける	シェッフェの方法（原法）	比較順序を考慮する	1 対のみ評価
	シェッフェの方法（浦の変法）		全対を評価
	シェッフェの方法（芳賀の変法）	比較順序を考慮しない	1 対のみ評価
	シェッフェの方法（中屋の変法）		全対を評価

11.4.3. 反応指標

▌反応時間

何らかの知覚・認知的課題を遂行する際に、刺激が実験参加者に提示されてから所定の行動を起こすまでの時間を、反応時間という。反応時間は、遂行する課題の違いによって、単純反応時間、選択反応時間、弁別反応時間に大別することができる。単純反応時間とは、ある 1 種類の刺激が提示された時の、それに対する反応時間である。例えば、ランプが光ったら手元のボタンを押す、などがこれに当たる。選択反応時間とは、複数の刺激が提示される可能性がある場合に、提示された刺激に応じて所定の反応を行う時の反応時間である。例えば、実験画面上に提示されるターゲットが赤色なら右側のボタン、白色なら左側のボタンを押す、というような課題がこれに当たる。弁別反応時間とは、

複数の課題が提示される可能性がある場合に、特定の刺激に対してのみ反応を行い、それ以外の刺激では反応を行わないという時の反応時間である。これはGo/No-Go 反応時間とも呼ばれる。例えば、ターゲットが赤色ならボタンを押し、それ以外の色ならボタンを押さない、などがこれに当たる。

▌反応時間の測定方法

　反応時間の測定方法としては、ディスプレイに刺激を提示し、キーボードやマウスなど入力装置のボタン押下などで反応し、コンピュータに内蔵されたタイマーで計測する場合が多い。簡単なプログラミングによってタイマーを扱うか、実験用のソフトウェアを利用して測定することができる。ただし、より高い精度が必要な場合やボタン押下以外の特殊な反応を測定する場合には、専用の装置を用いる必要がある。また、刺激の提示と反応の検出においては、これらの時間的な同期を正確に取る必要がある。

　測定結果の処理に当たっては、選択反応や弁別反応の課題では反応の正誤が生じるが、誤答の試行は除き、正答の試行のみの平均値から実験参加者ごとの平均反応時間を算出することが一般的である。ただし、課題内容によっては誤答時の反応時間を算出すべき場合もあり得るので、どういった指標をどう分析するかは実験目的・内容に合わせて考慮すべきである。

▌反応の正確さ

　ここまで述べた反応時間は、一般に反応の正確さとトレードオフの関係にあり、反応を速くしようとするほど不正確になる。つまり、反応時間を検討する際には、反応の正確さについても併せて考慮する必要がある。反応の正確さとは、1つ1つの反応の正・誤であり、複数回の反応におけるこの割合を正答率（もしくは誤答率）として算出する。信号検出理論における反応の分類を活用し [7]、表 11-6 のようにヒット率、ミス率、フォールスアラーム率、コレクトリジェクション率の4つに分類することもできる。

表 11-6　信号検出理論における反応の分類

		反応	
		あり	なし
検出すべき 刺激	あり	ヒット	ミス
	なし	フォールス アラーム	コレクト リジェクション

11.5. 動作・行動測定

11.5.1. 作業方法の測定
▌作業姿勢・動作の記録・分類

　作業中の動作を細かく把握・分析し、より疲労が少なく、効率的な動作の姿勢・順序・組み合わせなどを検討するための代表的な方法として、サーブリッグ分析がある [8]。サーブリッグ分析とは、Gilbreth によって提案された方法であり、作業を 18 の基本的な動作の要素に分解して把握する方法である（Gilbreth のスペルを逆から読み Therblig とした）。サーブリッグ分析では、サーブリッグと呼ばれる分解可能な最小限の 17 の動作要素があり、どのような作業もこのサーブリッグ組み合わせから成ると考えるため、さまざまな作業に適用することができる。目視やビデオ観察などによって各作業動作をサーブリッグに細分化し、作業の無駄やよりよい方法・手順を検討する。17 のサーブリッグ記号は 3 種類に分類されており、第 1 類は必要な動作、第 2 類は補助動作、第 3 類は不必要な動作とされている。作業を効率化するためには、第 2 類、第 3 類の動作をできるだけ少なくすることが望ましい。

　また作業姿勢を観察し、それを定められた姿勢コードによって記録し、この結果に基づいて負担度を定量的に評価する手法として、OWAS（Ovako Working Posture Analysing System）がある [9]。OWAS では、背中、上肢、下肢、重さ（または力）の 4 項目である瞬間の姿勢を捉え、コード化する。一定の作業時間の間、後述するワークサンプリング法の要領で姿勢コードを記録し、各コードに対応した AC（Action Category）によって負担度と改善要求度を評価する。

▌三次元動作解析

　サーブリッグ分析は作業やビデオ映像の目視によって行われるが、精密かつ定量的な分析のための方法として、作業者の動作を高速カメラや磁気センサなどによって測定する三次元動作解析がある。三次元動作解析では、身体の各部位の動作軌跡や各部位における速度や加速度、関節角度などの測定時間中の時系列変化などを評価することができる。これによって、作業中の動作の細かな違いを定量的に比較・検証することができる。

　分析に当たっては、上述の指標によって定量化された人の動作や姿勢の時系列変化から、不自然な姿勢や負担の大きい姿勢になっていないかを確認したり、

それらを条件ごとに比較したりすることができる。なお、複数の実験参加者から得た時系列データから平均的な値を算出したり、比較したりする場合には、実験参加者ごとに作業や動作にかかる時間が異なるので、これを合わせるためにデータを正規化するなどの工夫が必要になる。

▍リンク解析 [10]

リンク解析は、作業中の動作を分析する方法の一種であり、製品の操作部や作業域のレイアウト検討に用いられる。作業者の行動の履歴を、作業や操作の手順に沿って作業や操作の各箇所を線で結び、これに基づいてレイアウト上の問題を把握する。操作部であれば、表示器や操作器を操作順に沿って線で結ぶ。作業域であれば、作業者の動線を線で表す。各箇所間の移動回数を記録した表に基づいて、図11-9のようなリンク図を作成することができる。線が多く、移動頻度が多い箇所を近い位置に配置したり、線が交差して複雑になっている箇所の配置を改善したりすることで、操作性や作業性の改善を図ることができる。

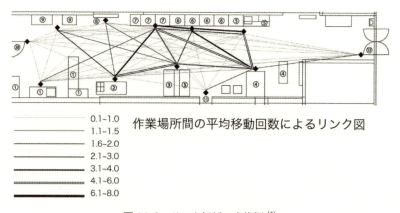

図11-9　リンク解析の実施例 [2]

11.5.2. 作業時間の測定

作業時間を測定する場合には、まず測定の対象となる標準的な作業方法を定め、それをいくつかの要素作業に分割する。そして、各要素作業の時間を測定する。時間の測定方法としては、直接時間測定法と間接時間測定法がある。直接時間測定法は、作業者の作業時間をストップウォッチなどで直接観測する方

法である。基本的には、測定対象の作業に習熟した作業者を対象に測定を行う。複数回測定し、異常値は除外する。間接時間測定法としてはPTS法がある。これは、ストップウォッチを使わずに作業の標準時間を設定する方法である。作業の基本動作ごとに、その動作の性質と条件に応じてあらかじめ時間値が定められており、これを当てはめることで標準時間を設定する。

　また所定の作業を長時間観測し、作業者や機械設備の稼働状況を調査する方法として、稼働分析がある。稼働分析には、連続観測法とワークサンプリング法の2種類がある。いずれの方法においても、あらかじめ予備観察などによって観測対象の作業者や機械の動作を洗い出し、分類しておく。また各項目の稼働状態（稼働、準稼働、非稼働）を明確にし、その割合を算出することで稼働率を明らかにする。連続観測法では、観測対象の作業者や機械に張り付いて、その状態を連続的に観測する手法である。発生した行動の開始・終了時点を連続的に記録し、稼働・準稼働・非稼働に分類して、これらの発生時間比率を求める。観測時間全体のうち、稼働・準稼働に充てられた時間の割合が稼働率となる。

　ワークサンプリング法では、ある決められた時刻に観測対象となる人や機械の動作状況を瞬間的に記録する方法である。この方法では、瞬間的に捉えた稼働状況の構成比から、統計的に稼働状況を推定する。観測対象の作業が周期的な作業である場合には、等間隔の時刻に測定すると構成比率が偏る恐れがあるので、記録するタイミングはランダムにする必要がある。ワークサンプリング法における観測回数は、100 ～ 200 回程度の観測による予備調査に基づいて検討する。予備調査結果から得られた、推定したい事象の発生比率 P と測定精度（相対誤差）S から、式11-3（信頼度95%の場合）によって本調査の観測回数 N を算出する。

$$N = \frac{4(1-P)}{S^2 P} \tag{11-3}$$

11.5.3. 視線計測

　人の行動・動作の測定の1つとして、「どこを見ているか？」を知るために実験参加者の眼球運動に基づいて視線計測を行うことができる。「目は口ほどにものを言う」ということわざがあるが、視線を知ることで、ユーザーの興味や

思考過程を推定することができる。視線計測のためにはアイマークレコーダという眼球を捉えるカメラを用いる。アイマークレコーダには帽子や眼鏡型の装着タイプのものと、注視対象の近くにカメラを置く設置タイプのものがある。装着タイプのものは、実験参加者の視野を常に捉えて、どのような対象であっても汎用的に計測できる一方で、装置を参加者に装着してもらう必要がある。設置タイプのものはPC上の操作画面などのある決まった、固定された平面における眼の動きを計測する用途に使われ、実験参加者に装置を装着してもらう必要はない。

　人間工学分野の測定によく使われる計測装置は、算出のアルゴリズムにいくつかの違いはあるが、近赤外光を眼球に照射し、その時の眼球の様子をカメラで捉え、画像処理によって注視点を算出しているものが多い。計測した視線は、視野映像上に重ねていって、ヒートマップやゲイズプロットといった形で可視化される（図11-10）。ヒートマップというのは、どの部分をどのくらい注視していたかという状態を色の違い（ヒートマップ）によって表すもので、実験参加者がよく注視していた点を一望できる。ゲイズプロットというのは、実験参加者が注視した点を順番に番号を付けて線で結んだ図であり、各注視点に示される円の大きさは注視時間を表す。どんな順序で、どれくらい注視していたかを知ることができる。

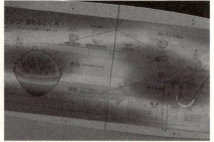

図11-10　視線計測の例（左：ゲイズプロット、右：ヒートマップ[3]）

　人の視線というのは端から順番に滑らかに動いていくわけではなく、ある点からある点へと素早いジャンプを繰り返している。この素早い眼球の動きをサッケードという。このサッケードは自分自身では気付かないが（視線が目まぐるしく動いているようには感じない）、サッケードを繰り返すことでその範

囲の情報を入手していくのである。視線計測では、主にこのサッケードと視線停留の繰り返しを捉える。サッケードに要する時間はおよそ 20 ～ 700 msec、速さは 300 ～ 500°/sec、頻度は 2 ～ 4 回 /sec と言われている。また人の眼球運動には常に固視微動という無意識的な動きがあり、常に一点に視線がとどまっているわけではない。そのため、視線の停留がある（注視している）と判断するには、ある一定時間（100 msec 程度）、ある範囲に計測した座標がとどまっているというような条件を設ける。

　視線計測から得られる定量的な指標として代表的なものに、注視回数（fixation frequency）と注視時間（fixation duration）がある。計測全体の注視回数や注視時間を算出する場合もあれば、評価対象における AOI（area of interest）を定義し、その範囲における注視回数や注視時間を算出することもできる。AOI とは、評価対象の中で、実験するうえで特に関心のある領域や、分割して評価すべき領域を区切って定義された範囲のことである。例えば、ウェブページなどの画面を対象とするなら、その機能やコンテンツによって AOI を設けることなどができよう。

11.5.4. 行動観察、シングルケースデザイン法
　特定のユーザーの行動を観察・測定し、シングルケースデザイン法によって何らかの介入による効果を検討することができる。10.1.1 項や 10.5.3 項を参照されたい。

引用
(1) 日本人間工学会 PIE 研究部会（編）、三宅晋司（監）(2017)商品開発・評価のための生理計測とデータ解析ノウハウ　生理指標の特徴、測り方、実験計画、データの解釈・評価方法、NTS、7
(2) 土井俊央・後藤祐樹・山岡俊樹 (2016) ヒューマンデザインテクノロジーを活用したスーパーマーケット生鮮部門バックヤードの作業性向上のための作業改善、人間生活工学、17(1)、45-52
(3) 黒田俊希・土井俊央 (2024) 動作原理の説明を付加した家電製品マニュアルにおける注視行動分析―紙と動画の比較―、日本人間工学会第 65 回大会、2F5-3

参考文献

[1] 森敏昭・吉田寿夫（編・著）(1990)心理学のためのデータ解析テクニカルブック、北大路書房、266-267

[2] 日本人間工学会 PIE 研究部会（編）、三宅晋司（監）(2017)商品開発・評価のための生理計測とデータ解析ノウハウ　生理指標の特徴、測り方、実験計画、データの解釈・評価方法、NTS、6-7

[3] 村岡哲也(2005)心理物理学―心理現象と視機能の応用―、技報堂出版、10-11

[4] 田中良久(1977)心理学的測定法(第2版)、東京大学出版会

[5] 大山正(1968)感覚・知覚測定法 (I)、人間工学、4(1)、37-47

[6] 佐藤信(1978)官能検査入門、日科技連出版社、80-91

[7] 井上和哉 (2019) 信号検出理論の概要と教授法　認知心理学会テクニカルレポート、3、1-4

[8] 浅居喜代治(編・著)(1980)現代人間工学概論、オーム社、114-116

[9] Karhu, O., Kansi, P., Kuorinka, I. (1977) Correcting working postures in industry: A practical method or analysis, Applied Ergonomics, 8(4), 199-201, 1977

[10] Stanton, N.A., Young, M.S. (1999) A GUIDE TO METHODOLOGY IN ERGONOMICS: Designing for human use, Taylor & Francis, 18-23

参考図書

　本書を執筆するにあたっては、特に以下の書籍を全般にわたって参考にさせていただいた。ここに深く感謝を申し上げるとともに、読者の今後の学習に役立てていただきたい。

・Grandjean, E.（1988）Fitting the task to the Man: A textbook of Occupational Ergonomics 4th Edition, Taylor & Franis
・Wickens, C.D., S.E. Gordon, Y. Liu.（1998）An introduction to human factors engineering, Longman
・エティエンヌ・グランジャン、中迫勝・石橋富和(訳)(2002)オキュペーショナルエルゴノミックス 快適職場をデザインする、ユニオンプレス
・樽本徹也(2005)ユーザビリティエンジニアリング　ユーザ調査とユーザビリティ評価実践テクニック、オーム社
・羽生和紀(2008)環境心理学　人間と環境の調和のために、サイエンス社
・Albert, B., Tullis, T.（2008）Measuring the User Experience: Collecting, Analyzing, and Presenting Usability Metrics（1st Edition）, Morgan Kaufmann
・箱田裕司、都築誉史、川畑秀明、萩原滋(2010)認知心理学、有斐閣
・黒須正明（編・著）、松原幸行・八木大彦・山﨑和彦（2013）HCD ライブラリー第 1 巻 人間中心設計の基礎、近代科学社
・山岡俊樹（2014）デザイン人間工学　魅力ある製品・UX・サービス構築のために、共立出版
・山岡俊樹(編・著)、岡田明・田中兼一・森亮太・吉武良治(2015)デザイン人間工学の基本、武蔵野美術大学出版局
・小松原明哲(2016)安全人間工学の理論と技術　ヒューマンエラーの防止と現場力の向上、丸善出版
・キャット・ホームズ、大野千鶴(訳)(2019)ミスマッチ　見えないユーザを排除しない「インクルーシブ」なデザインへ、BNN新社
・木浦幹雄(2020)デザインリサーチの教科書、BNN
・黒須正明(2020)UX 原論　ユーザビリティから UX へ、近代科学社
・小松原明哲(2022)人にやさしいモノづくりの技術　人間生活工学の考え方と方法、丸善出版

あとがき

　本書を手にとっていただき、ありがとうございました。本書で紹介したデザイン人間工学の考え方やものの見方は、本を読んだり、授業を聞いたりしただけで終わらせるのではなく、次のステップとして、ぜひ皆さんの普段の活動の中で活かすことを考えてほしいと思います。学生さんであれば授業の課題や制作活動、アルバイト、卒業研究で、実務家の方であれば日頃の業務の中で、捉え方次第で活かせることはたくさん見つかるはずです。例えば、身の回りの製品やサービスを使った時に、なぜよいと思うのか、なぜもやっとするのかということも、本書で紹介した観点から捉えると、さまざまな捉え方ができると思います。

　本書で紹介した内容は人とモノ・コトの関係に関することなので、デザインや人間工学の専門業務でなくても、人が生活するところでは少なからず関連します。そして、人がまったく介在しない活動というのはほとんどありません。つまり、デザイン人間工学はデザイナーや人間工学専門家のための専門知識だけでなく、人の生活を向上させるための基礎教養となり得るものだと考えます。実際の活動に適用していく中では、教科書の知識や方法そのままでは使えないところ、理屈どおりにならないところなど多々出てくるかと思います。しかし、そうした中で自分なりの考えや方法を検討していくに当たって、本書で紹介した観点は1つの拠り所になるでしょう。本書が、読者のみなさんの今後の生活に少しでも関わってくれれば、著者としては望外の喜びです。

2025 年 2 月

土井俊央

索 引

2 点閾値　32
4M　104

F
fNIRS　233, 235

H
Hedonomics　10, 139

K
KA 法　149, 189

M
m-SHEL モデル　104

N
NEM　215

S
SD 法　242
SRK モデル　46

T
Throughput　91

U
UD　121
UX　12, 140, 142
UX デザイン　147
UX リサーチ　148, 150

V
V&V 評価　172

あ
アイデア発想　169, 170
アクティブリスニング　182
当たり前品質　14
アフォーダンス　88
安全　108

い
一元的品質　14
一貫性　88
一対比較法　243
イテレーション　16

違反　103
色温度　54
インクルージョン　117, 123
印象　152, 242
インスペクション法　206, 217
インタビュー　179
インタラクション　79, 117

う
ウェーバーの法則　29
ウェーバー・フェヒナーの法則　29

え
エクストリームユーザー　166
エルゴノミクス　2

お
オミッションエラー　103

か
回顧法　212
外発的動機付け　63
快楽的品質　14
覚醒水準　77
カスタマージャーニーマップ　149, 198
稼働分析　247
狩野モデル　13
加齢　124
感覚器官　28, 30
感覚情報貯蔵庫　33
感覚モダリティ　30, 37
観察　175

き
機能制限　73, 121, 123
強調　84
極限法　239
筋電図法　231
筋疲労　232

く

グルーピング　85
グループシンク　60, 106
グレア　54

け
経験価値　136, 149
計測点　21
ゲシュタルトの法則　85

こ
行為の7段階モデル　44
効果器　22
交感神経　236, 238
恒常法　240
合理的配慮　120
コーディング　86, 94
国際生活機能分類　119
誤差　225, 228
コミッションエラー　103
コンセプト　15, 163, 165, 170

さ
サーカディアンリズム　28, 50
座位　25, 27
最大随意収縮　232
作業域　24
作業時間　47, 246
作業姿勢　24, 245
作業面の高さ　23
三次元動作解析　245

し
シーケンシャルエラー　103
視覚　30, 124, 127
色覚　125, 128
識別性　83
シグニファイア　88
刺激閾　239
思考発話法　212
自己決定理論　63
視線計測　247
視線の傾き　23
実験　224

質問紙調査　228
実用的品質　14
シナリオ　197
視野　30
社会的手抜き　60, 107
社会モデル　120
主観的等価点　239
主観評価　216
順序効果　226
順応　30, 31
障害　118
状況認識　106
冗長性　83
照度　53
自律神経　236
自律神経系　237
心拍変動性指標　237
心理時間　47

す
スイスチーズモデル　98
スキーマ　38
スクリプト　38
スリップ　103

せ
制御焦点理論　64
精神物理学的測定法　239
静的活動　24
製品品質　13

そ
騒音　54

た
対人距離　57
タイミングエラー　104
タスク　71, 186, 187, 209
タスク分析　186, 217
タッチポイント　145, 171
ダブルダイヤモンドモデル　158
短期記憶　33, 87

ち

知識　37
注意　35
聴覚　31, 125, 129
長期記憶　33, 34
調査　227
調整法　239
丁度可知差異　239

て
定性調査　166
定量調査　166
手がかり　82, 138, 177
適応　28

と
等ラウドネス曲線　31
トップダウン処理　29, 82
トライアンギュレーション　167

な
内発的動機付け　63, 64

に
二次的理解　9, 17, 69, 163
二重接面性　79
人間中心設計プロセス　158
人間中心デザイン　9, 157
認知距離　56
認知地図　56
認知バイアス　41, 106

の
脳波　233

は
パーソナルスペース　57
ハインリッヒの法則　99
パフォーマンス　213
バリアフリー　121
反応時間　51, 243

ひ
ヒック・ハイマンの法則　51
ヒューマンエラー　11, 102, 104, 215
ヒューマンファクターズ　2
ヒューマン・マシン・インタフェースの 5

側面　19, 171, 176, 188
ヒューリスティック　42
ヒューリスティック評価　217
評価グリッド法　184
評定尺度法　241

ふ
フィードバック　89
フィッツの法則　91
フールプルーフ　109
副交感神経　236, 238
フレーミング　43
プロコトル分析　212
プロトタイプ　203

へ
ペルソナ　149, 195
弁別閾　29, 239

ほ
ボトムアップ処理　29
ポピュレーション・ステレオタイプ　94
ホメオスタシス　28

ま
マグニチュード推定法　240
マジカルナンバー　33
マスキング　55
マッピング　87
満足　81, 142, 150, 151

み
ミステイク　103
魅力的品質　14

め
メタファ　89
メンタルモデル　39, 61, 75, 89, 99, 109, 212

も
モーダル　90
モードレス　90
モデル・ヒューマン・プロセッサ　45

ゆ
ユーザー　69, 71, 166

ユーザー要求事項　166, 171
ユーザインタフェース　79
ユーザビリティ　12, 81, 91, 142
ユーザビリティテスト　207, 211
ユニバーサルデザイン　12, 117, 121, 188

よ
欲求階層説　10, 62, 139

ら
ラプス　103
ラポール　183

り
リスク補償　107
リスクホメオスタシス理論　107
利用時の品質　13
利用状況　71, 81
利用文脈　14
リンク解析　246

わ
ワーキングメモリ　34
ワークサンプリング法　247

■著者紹介
土井　俊央（どい　としひさ）
大阪公立大学大学院生活科学研究科講師。2012年3月に和歌山大学大学院システム工学研究科（デザイン科学クラスタ）博士前期課程を修了し、同年4月よりレノボ・ジャパン株式会社へ入社。同社在籍中の2015年3月に和歌山大学大学院システム工学研究科博士後期課程修了。その後、岡山大学大学院自然科学研究科助教を経て、2022年4月より現職。応用人間工学や人間中心デザインに関する研究・教育に従事。博士（工学）。認定人間工学専門家、認定人間中心設計専門家。

生活機器・空間におけるUX向上のためのデザイン人間工学

2025 年 3 月 21 日 初版第 1 刷発行

著　者　土井 俊央
発行者　池田 廣子
発行所　株式会社現代図書
　　　　〒 252-0333　神奈川県相模原市南区東大沼 2-21-4
　　　　TEL　042-765-6462　FAX　042-765-6465
　　　　振替　00200-4-5262
　　　　https://www.gendaitosho.co.jp/
発売元　株式会社星雲社（共同出版社・流通責任出版社）
　　　　〒 112-0005　東京都文京区水道 1-3-30
　　　　TEL　03-3868-3275　FAX　03-3868-6588
印刷・製本　株式会社丸井工文社

落丁・乱丁本はお取り替えいたします。本書の一部または全部について、無断で複写、複製することは著作権法上の例外を除き禁じられております。
©2025 Toshihisa Doi
ISBN978-4-434-35413-7　C3050
Printed in Japan